Vous avez dit CHIMIE ?

De la cuisine au salon, des molécules plein la maison

Yann VERCHIER

Nicolas GERBER

Nouvelle édition

DUNOD

Palais DÉCOUVERTE

Cet ouvrage a été publié à l'occasion de l'exposition itinérante « Vous avez dit chimie ? » conçue et produite par Universcience.

Les auteurs tiennent à remercier les médiateurs du département de chimie du Palais de la découverte pour leur aide tout au long de ce projet.

Illustrations de couverture et de l'intérieur : Rachid Maraï

Toutes les expériences proposées dans cet ouvrage doivent être réalisées en présence d'un adulte.

5 rue Laromiguière, 75005 Paris
www.dunod.com
ISBN 978-2-10-071420-9

Sommaire

I

Briques, vous avez dit briques ?

Lorsqu'on se lance dans la construction d'une maison, il est nécessaire de réfléchir aux matériaux que l'on va utiliser. Des briques ou des parpaings pour les murs, des tuiles ou des ardoises pour le toit, des poutres pour soutenir les étages et du plâtre pour les cloisons. Chaque matériau possède des propriétés particulières qui vont contribuer à rendre le bâtiment résistant à de lourdes charges, à l'humidité, au feu et... à tant d'autres choses !

Voyage au cœur de la matière

La différence essentielle entre ces matériaux réside dans leur composition chimique. Pour comprendre ces différences, imaginons-nous en train de rapetisser, encore et encore, jusqu'à pouvoir nous immerger au sein de la matière. Que verrions-nous alors ? Nous serions entourés d'un nombre gigantesque de petites billes toutes proches les unes des autres. Ces billes, appelées atomes, sont une des briques qui permettent de construire la « maison » chimie. Ainsi, un clou en fer ne contient quasiment que des atomes de fer. De même, une gouttière en zinc est composée d'un nombre astronomique d'atomes de zinc. Cela reste donc très simple.

Ces atomes, ou ces toutes petites « billes », mesurent de l'ordre du dixième de nanomètre, ce qui revient à diviser un mètre par dix milliards ! Autrement dit, on peut aligner dix milliards d'atomes dans un mètre. Ces atomes sont donc vraiment petits...

Si nous pouvions nous immerger au sein de la matière, nous serions entourés par des sortes de petites billes : les atomes

Mémo Science

Combien d'atomes de fer dans un clou ?

Un grand nombre, sans aucun doute, oui mais combien ? Considérons un petit clou qui pèserait 4 grammes. La masse d'un atome de fer est d'environ $9{,}3 \times 10^{-23}$ g, soit 0,000000000000000000000093 g ! Faites vous-même le calcul : le nombre d'atomes contenus dans ce clou en fer est égal à 425×10^{20} (425 suivi de 20 « zéros »), c'est-à-dire 42 500 milliards de milliards d'atomes !

Cependant, la situation n'est pas toujours aussi simple que ça. Toute la matière qui nous entoure (les briques, les arbres, le corps humain, les biberons en plastique ou en verre, etc.) n'est généralement pas constituée d'un seul type d'atomes, mais de plusieurs types d'atomes « liés » entre eux.

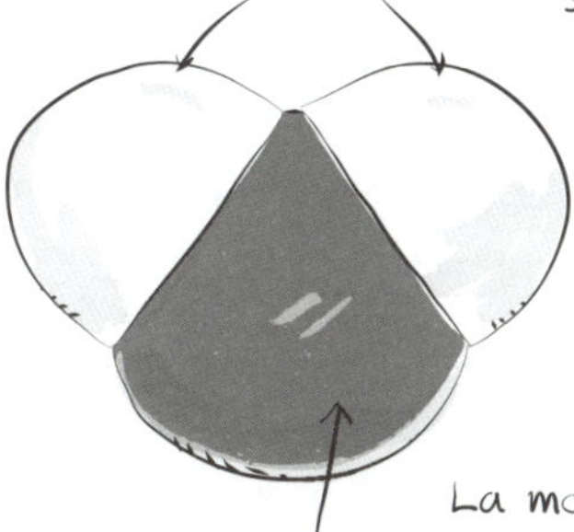

La molécule d'eau est un assemblage de trois atomes : un atome d'oxygène et deux atomes d'hydrogène

On appelle alors cette association une molécule. Par exemple, mettre en commun un atome d'oxygène et deux atomes d'hydrogène donne une molécule d'eau !

Mémo Science

Se noyer dans un verre de molécules

Combien de molécules d'eau trouve-t-on dans un verre d'eau de 20 centilitres ? Une énorme quantité. En faisant un rapide calcul, un scientifique démontrerait que l'on trouve 66 x 10^{23} molécules d'eau dans un verre d'eau, soit le chiffre 66 suivi de 23 « zéros » ! En d'autres termes, même une toute petite goutte d'eau contient en moyenne 1 700 milliards de milliards de molécules. Alors imaginez dans un verre d'eau !

La matière qui nous entoure est entièrement constituée à partir des 92 atomes naturels (dont 2 présents sur Terre à l'état de traces infinitésimales. Ainsi, toutes les molécules sont des assemblages de ces atomes, ce qui revient à jouer avec des Lego® miniatures, et à assembler ces mini-briques entre elles. Vous voulez obtenir de l'alcool ? Rien de plus simple ! Il suffit d'associer des atomes de carbone, d'hydrogène et d'oxygène.

Mais restons raisonnables, la nature ne permet pas de fabriquer n'importe quel édifice. Tous les assemblages d'atomes ne peuvent pas exister, de la même façon qu'un maçon ne pourra pas construire une maison n'importe comment, sinon tout s'écroulerait. Le chimiste, quant à lui, se heurte à une difficulté supplémentaire : il ne peut pas manipuler les atomes un par un comme des briques...

La maison chimie : la fabriquer, l'utiliser ou l'étudier

Ne perdons pas de vue que faire de la chimie, c'est pour un grand nombre d'entre nous se vêtir d'une blouse, avoir sur la tête une masse de cheveux blancs hirsutes et mélanger des potions plus colorées les unes que les autres, fumantes le plus souvent et sûrement explosives...

Transformer la matière

En réalité, la chimie présente plusieurs visages et se dissimule tout autour de nous, sans que l'on s'en rende vraiment compte. On la trouve dans toutes les pièces de la maison, de la cuisine à la salle de bain en passant par le salon. Notre quotidien est donc « chimique ». Mais, attention, une substance chimique n'est pas forcément dangereuse. Si l'industrie chimique a beaucoup fait parler d'elle lors de catastrophes comme celles de Seveso (Italie) en 1976 ou Bhopal (Inde) en 1984, la chimie a également permis un grand nombre de découvertes et de progrès dont bénificient, la médecine, l'industrie cosmétique, la production d'énergie, l'agroalimentaire entre autres.

Mais revenons à nos moutons (chimiques eux aussi car constitués d'atomes !). Faire de la chimie consiste à étudier et à transformer la matière. En d'autres termes, un avion réalisé en briques Lego® par un enfant peut être transformé en bateau, tout en utilisant les mêmes pièces, et même en conservant certaines parties intactes. De même, réaliser des transformations chimiques revient à transformer la matière, en ajoutant ou en enlevant des atomes à certaines molécules et en respectant certaines règles.

Cette opération que l'on peut appeler « transformation chimique » a lieu de façon naturelle et spontanée dans tout ce qui est vivant. La digestion, la respiration, les larmes, les réflexes chez les animaux, ou encore la photosynthèse chez les végétaux reposent sur un ensemble de transformations chimiques. Il se déroule donc en permanence dans notre corps, à notre insu, une foultitude de transformations chimiques. Nous sommes donc aussi des êtres en partie chimiques et la vie est avant tout un ensemble de processus chimiques très bien organisés par la nature.

Un autre objectif de la chimie consiste à copier la nature qui fait pourtant si bien les choses. Mais peut-être trop lentement à notre goût, ou en trop faible quantité, ou encore de façon trop coûteuse. Ainsi, le chimiste tentera de comprendre comment fait Dame Nature, pour ensuite le reproduire dans son laboratoire. Par exemple, des parfums sont réalisés à partir d'essences de fleurs, fleurs qu'il faut cueillir, faire sécher, conditionner avec soin pour en extraire l'huile parfumée ; alors qu'en laboratoire, le chimiste est en mesure de fabriquer les principales molécules odorantes responsables du parfum de la fleur par une suite de transformations chimiques.

Enfin, la chimie peut aussi servir à créer des choses qui n'existent pas à l'état naturel. Le chimiste transforme alors la matière pour obtenir de nouvelles molécules et de nouveaux assemblages aux propriétés étonnantes (fibres de manteaux qui arrêtent la pluie mais qui laissent passer la transpiration, revêtements antiadhésifs des poêles) ou bien afin de produire des composés chimiques couramment utilisés dans notre vie de tous les jours (carburants, médicaments...).

Toute la matière qui nous entoure est constituée de briques élémentaires que sont les atomes. Cependant, il n'existe pas un nombre infini d'atomes. À ce jour, 118 éléments chimiques sont connus, dont 92 naturels et 26 artificiels, et répertoriés dans une classification dite « périodique » (voir p. 10). Ces éléments (fer, carbone, hydrogène, azote, uranium...) combinés entre eux ou employés sous une forme dérivée permettent de décrire d'un point de vue chimique notre environnement. Et, bien sûr, de comprendre et d'expliquer ce qui se passe lorsque la matière se transforme ou est transformée lors de réactions chimiques.

Une écriture pleine de symboles

Afin de simplifier la description chimique de la matière, le chimiste utilise les symboles de ces différents éléments. Par exemple, le carbone est noté « C », l'oxygène est noté « O » et ainsi de suite. La logique semble simple, avec quelques exceptions comme l'azote noté « N ». D'où vient cette « anomalie », cette différence ? Le symbole chimique des différents éléments est très souvent lié à leur histoire ou à leur découverte. En effet, le symbole « N » de l'azote vient du latin *nitrogenium*, qui provient lui-même du grec *nitron gennan* et qui signifie « formateur de salpêtre ». À l'époque médiévale, le salpêtre était utilisé pour favoriser et entretenir des combustions très violentes nommées « feux grégeois », ancêtres du napalm.

Quant au sodium, de symbole chimique « Na », il faut également faire appel au latin *natrium* qui désigne un corps métallique entrant dans la composition de plusieurs composés tel la soude. Autre exemple où le nom lui-même du composé est parfois lié à des anecdotes (plus ou moins vérifiées) : l'antimoine. Il a longtemps été dit que ce composé, qui est un poison, aurait été fatal à un grand nombre d'alchimistes à l'époque médiévale. Et en ce temps, les alchimistes étaient généralement des moines donc antimoines ! Cependant, l'Histoire des sciences a entre temps démontré que cette anecdote est totalement fausse...

Mais revenons à nos briques élémentaires que nous pouvons appeler par leurs surnoms : les symboles chimiques. L'oxygène que nous respirons est en fait du dioxygène et sa formule chimique est O_2. Le chiffre indiqué en indice à droite du symbole chimique renseigne sur le nombre d'atomes qui composent la molécule. Le dioxyde de carbone que rejettent les voitures (et que nous émettons nous aussi lorsque nous respirons) est de formule chimique CO_2. Il est donc composé de deux atomes d'oxygène et d'un atome de carbone. Un peu plus compliqué mais Ô combien utile : l'aspirine qui est une molécule de formule $C_9H_8O_4$ (voir p. 100). Ce médicament contre les maux de tête est composé d'atomes de carbone (9), d'hydrogène (8) et d'oxygène (4).

Des atomes bien rangés

La classification périodique est due à un chimiste russe, Dimitri Mendeleïev, qui entreprit en 1869 de classer tous les éléments connus à l'époque. Ces éléments furent tout d'abord classés en fonction de leurs masses respectives et Mendeleïev obtint une suite de noms d'atomes, rangés du plus léger au plus lourd. Tout en conservant ce classement par masse croissante, il décida de placer, les uns sous les autres, les atomes ayant des propriétés chimiques semblables. Le tableau ainsi obtenu comportait des cases vides, des « trous », qui correspondaient à l'emplacement d'atomes qui n'avaient pas encore été découverts... Ces trous ont effectivement été comblés plus tard avec la découverte de nouveaux éléments. En 1955, ultime consécration pour ce chimiste de l'université de Saint-Pétersbourg, l'élément 101, hautement radioactif, fut baptisé Mendélévium en l'honneur du père de la classification périodique des éléments.

Aujourd'hui on ne parle plus de classement par masse croissante mais de classement par numéro atomique. Le numéro atomique indique le nombre de charges positives contenues dans le noyau de l'atome, c'est-à-dire le nombre de protons. Ainsi, dans la classification actuelle, les atomes sont rangés en ligne (ou période) par numéros atomiques croissants, les atomes disposés dans une même colonne ayant des propriétés chimiques semblables. Mais qui dit charges positives dans les atomes, dit voyage au cœur de ces briques élémentaires...

1 ← Numéro atomique
H ← Symbole chimique
hydrogène ← Nom de l'élément

Éléments naturels

Éléments artificiels

1	2	3	4	5	6	7	8	9	10	11	12	13	14	15	16	17	18
1 H hydrogène																	2 He hélium
3 Li lithium	4 Be béryllium											5 B bore	6 C carbone	7 N azote	8 O oxygène	9 F fluor	10 Ne néon
11 Na sodium	12 Mg magnésium											13 Al aluminium	14 Si silicium	15 P phosphore	16 S soufre	17 Cl chlore	18 Ar argon
19 K potassium	20 Ca calcium	21 Sc scandium	22 Ti titane	23 V vanadium	24 Cr chrome	25 Mn manganèse	26 Fe fer	27 Co cobalt	28 Ni nickel	29 Cu cuivre	30 Zn zinc	31 Ga gallium	32 Ge germanium	33 As arsenic	34 Se sélénium	35 Br brome	36 Kr krypton
37 Rb rubidium	38 Sr strontium	39 Y yttrium	40 Zr zirconium	41 Nb niobium	42 Mo molybdène	43 Tc technétium	44 Ru ruthénium	45 Rh rhodium	46 Pd palladium	47 Ag argent	48 Cd cadmium	49 In indium	50 Sn étain	51 Sb antimoine	52 Te tellure	53 I iode	54 Xe xénon
55 Cs césium	56 Ba baryum	57–71 lanthanides *	72 Hf hafnium	73 Ta tantale	74 W tungstène	75 Re rhénium	76 Os osmium	77 Ir iridium	78 Pt platine	79 Au or	80 Hg mercure	81 Tl thallium	82 Pb plomb	83 Bi bismuth	84 Po polonium	85 At astate	86 Rn radon
87 Fr francium	88 Ra radium	89–103 actinides **	104 Rf rutherfordium	105 Db dubnium	106 Sg seaborgium	107 Bh bohrium	108 Hs hassium	109 Mt meitnerium	110 Ds darmstadtium	111 Rg roentgenium	112 Cn copernicium	113 Uut ununtrium	114 Fl flérovium	115 Uup ununpentium	116 Lv livermorium	117 Uus ununseptium	118 Uuo ununoctium

La classification périodique des éléments

À l'intérieur de l'atome

Poursuivons notre voyage au cœur de la matière. Qu'est-ce qui distingue un atome d'or d'un atome de plomb ou de carbone ? De nombreuses théories furent avancées sur la constitution de l'atome. Scientifiques, philosophes, poètes... chacun y allait de son hypothèse. Facile ! À l'époque personne ne pouvait les contredire... Il fallut attendre le début du XXe siècle pour obtenir les premières preuves expérimentales de la structure atomique.

Protons, neutrons, électrons

Un atome est constitué d'un noyau minuscule mais extrêmement dense et lourd, lui-même composé de particules, les protons (particules positives) et les neutrons. Autour de ce noyau se trouvent des électrons qui ont une masse extrêmement faible mais occupent un « maximum » de place.

Les électrons portent des charges électriques négatives, tandis que le noyau contient, entre autres, des charges électriques positives. Dans un atome, il y a autant de charges positives dans le noyau que de charges négatives portées par les électrons : un atome est globalement neutre. En première approche, ces charges positives et négatives paraissent bien futiles... et pourtant... elles sont à l'origine de nombreuses propriétés et de nombreux phénomènes.

Tous les atomes sont donc constitués d'un noyau (des protons et des neutrons) et d'électrons. Entre l'or et le plomb, seul le nombre de ces particules varie : l'atome d'or possède des neutrons, 79 protons et 79 électrons ; l'atome de plomb, quant à lui, est composé de neutrons, de 82 protons et de 82 électrons. Ainsi c'est le nombre de ces particules élémentaires qui confèrent à un atome ses propriétés...

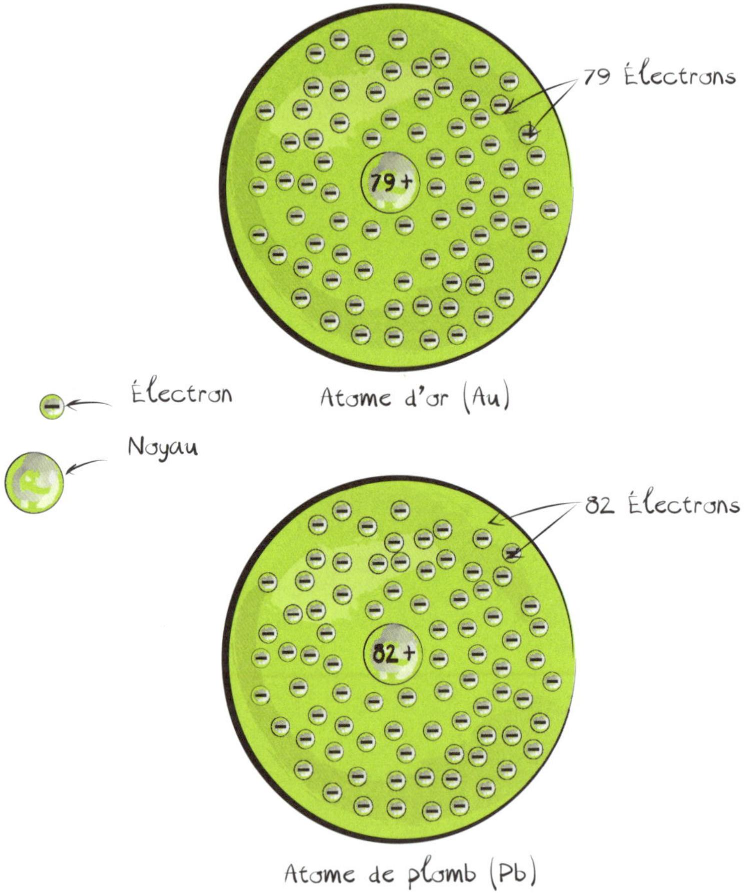

Modèle des atomes d'or (symbole Au) et de plomb (symbole et Pb)

Prenez un atome de carbone (6 électrons, 6 protons et des neutrons) ajoutez-lui deux protons, deux électrons et quelques neutrons et vous obtenez... l'atome d'oxygène. Le nombre de particules change, les propriétés et le nom également !

Faites-le à la maison

Conducteur ou isolant ?

Certains solides, comme les métaux ou le graphite (forme particulière du carbone, que l'on trouve en particulier dans la mine de crayons à papier), possèdent la propriété de conduire le courant électrique. Pour vous en rendre compte, réalisez un petit circuit avec une pile, une lampe et quelques fils puis remplacez l'un des fils par une mine de crayon (graphite) ou un objet en métal non peint, et vous verrez la lampe briller.

Cette propriété n'est pas commune à tous les solides : le bois, les matières plastiques ou encore le verre ne conduisent pas le courant électrique : ce sont des isolants.

Mais d'où vient donc cette propriété commune à tous les métaux ?

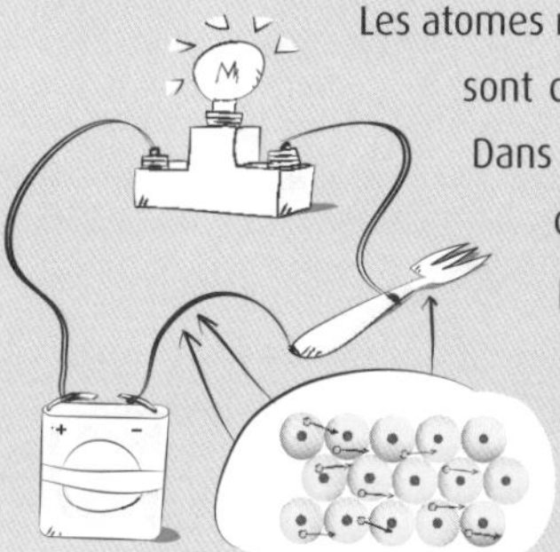

Les atomes métalliques, comme tous les atomes, sont constitués d'un noyau et d'électrons. Dans un métal, chaque atome possède un certain nombre d'électrons qui ont la propriété extraordinaire de pouvoir se déplacer dans tout le métal : il se forme alors un courant d'électrons, que l'on appelle communément un courant électrique. Ces électrons sont appelés électrons libres du fait qu'ils sont constamment en mouvement dans tout le métal alors que les atomes occupent des positions fixes.

C'est également grâce aux électrons libres que les métaux ont un éclat... métallique.

Les choses se compliquent...

Un atome peut perdre sa neutralité électrique à la suite du gain, ou de la perte d'un ou de plusieurs électrons. Ces espèces chimiques portent le nom d'ions. Un ion est donc un atome, éventuellement un groupe d'atomes, chargé électriquement.

L'électron étant négatif, un atome perdant des électrons perd des charges négatives et devient un ion positif. De la même façon, un atome qui gagne des électrons possède subitement un surplus de charges négatives et devient un ion négatif !

La formule chimique de l'ion est identique à celle de l'atome qui lui correspond avec, en haut et à droite du symbole, la valeur de la charge électrique correspondante. Prenons par exemple le cas du calcium, dont le symbole chimique est Ca. On rencontre plus fréquemment cet élément, sur Terre, sous la forme d'un ion positif, c'est-à-dire d'un atome auquel il manque deux électrons : la formule chimique de l'ion calcium est donc Ca^{2+}. Autre exemple, le chlore, de formule chimique Cl, est souvent sous la forme d'un ion négatif, dont la formule est Cl^-, suite au gain d'un électron. De même, le nom de l'ion découle du nom de l'atome : ion calcium, ion chlorure...

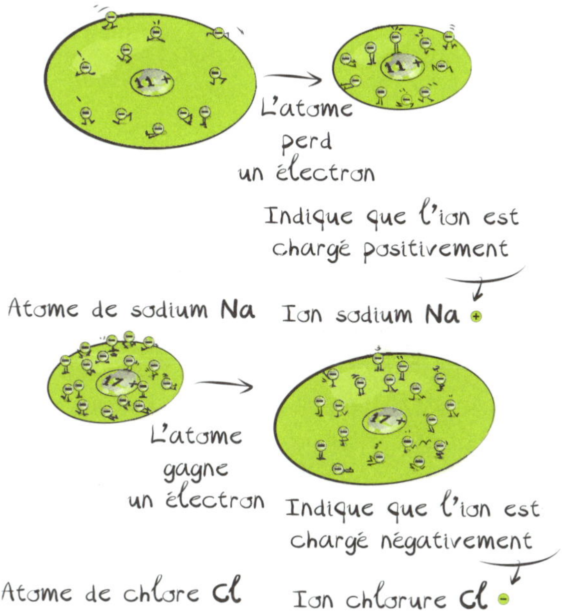

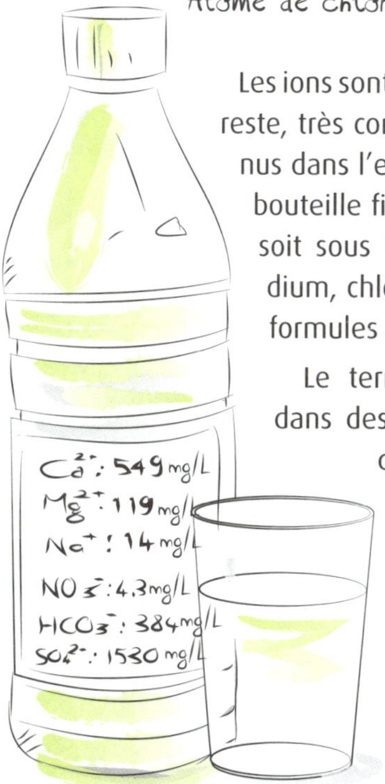

Les ions sont présents en solution. Certains sont, du reste, très connus comme les sels minéraux contenus dans l'eau. Ainsi, sur les étiquettes d'eaux en bouteille figure la liste des ions qu'elle contient, soit sous leur nom : calcium, magnésium, sodium, chlorure... soit sous la forme abrégée de formules chimiques : Ca^{2+}, Mg^{2+}, Na^{+}, Cl^{-}...

Le terme « ion » est apparu vers 1830 dans des écrits de Michael Faraday à propos du caractère conducteur de certains liquides. Lors de ses travaux sur la conductivité électrique des liquides Michael Faraday (1791-1867) établit que certains liquides, tels que l'eau salée ou une solution diluée d'acide chloridrique, conduisaient l'électricité.

Ce phénomène n'était cependant pas observable dans le cas de l'eau pure, c'est-à-dire dans un liquide ne contenant que des molécules d'eau. Il décida d'attribuer cette propriété à une catégorie d'espèces chimiques qu'il appela « ion » et il conclut que seules les solutions ioniques, c'est-à-dire contenant des ions, étaient conductrices de l'électricité.

Oups !

Le 11 mars 1978, le chanteur Claude François meurt accidentellement, à l'âge de 39 ans à la suite d'une électrocution en voulant changer une ampoule alors qu'il prenait un bain. Debout dans sa baignoire, les pieds nus dans l'eau, l'idole des années 1960 s'affairait autour d'un spot qui n'était pas correctement positionné. Machinalement, il se releva et tendit le bras pour redresser la lampe. Cette dernière, visiblement défectueuse n'était pas bien isolée. Le courant électrique traversa le corps du chanteur et l'eau du bain, tous deux conducteurs, pour rejoindre « la Terre ». L'eau du robinet, tout comme les fluides de notre corps, contient de nombreux sels minéraux dissous et peut conduire l'électricité. De mauvais conducteurs... mais conducteurs tout de même...
La triste expérience de Claude François n'est malheureusement pas un cas isolé : chaque jour en France, trois personnes meurent électrocutées !

Faites-le à la maison

Passera ou passera pas ?

Nous savons désormais que certains solides, comme les métaux ou le graphite, conduisent le courant électrique, mais qu'en est-il des liquides ?

Pour tester, sans danger, le caractère conducteur ou isolant des liquides, nous devons réaliser un circuit électrique comparable à celui proposé pour tester la conduction électrique des solides.

Vous aurez besoin de :

- une lampe de poche ;
- une pile plate de 4,5 V neuve ;
- deux gros clous en fer ;
- du fil électrique ;

puis réalisez le circuit ci-dessous.

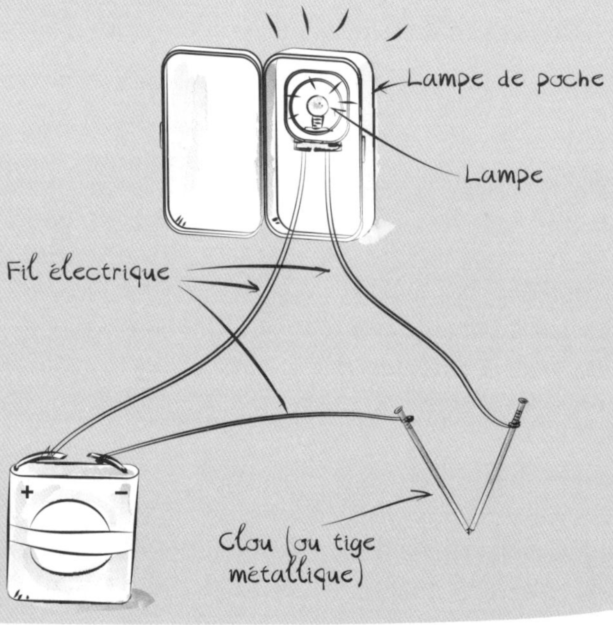

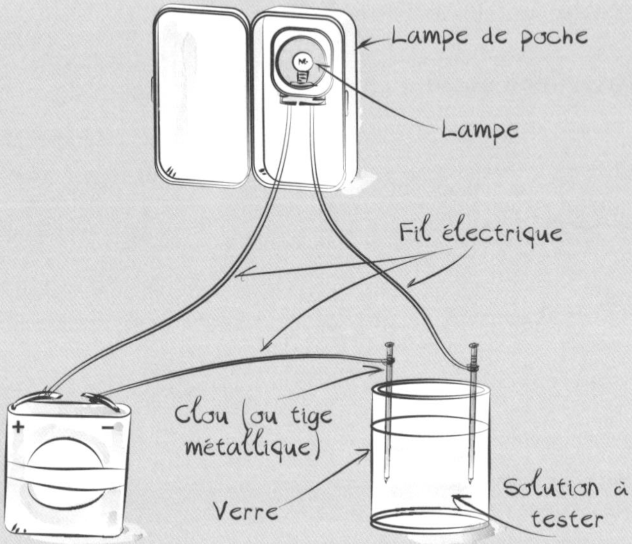

Testons dans un premier temps le bon fonctionnement de notre montage expérimental : lorsque les deux clous se touchent, ce circuit électrique est fermé et la lampe doit briller. Si ce n'est pas le cas il peut s'agir d'un faux contact, d'une lampe abîmée ou encore d'une pile usée.

Les liquides à tester sont placés dans de petits verres.

Prenons pour commencer :

– **de l'eau déminéralisée**, que l'on utilise par exemple dans les fers à repasser. On la trouve dans le commerce, au rayon des produits ménagers. À défaut on peut récupérer l'eau d'évaporation du sèche-linge ;

– **une solution d'eau sucrée** (sucre en poudre dissous dans l'eau) ;

– **une solution d'eau très salée** (solution obtenue en mélangeant du chlorure de sodium en poudre (sel de cuisine) dans un verre d'eau).

Dans les deux derniers cas, il est nécessaire de bien mélanger le sucre (ou le sel) jusqu'à disparition des cristaux. Vous êtes en train de réaliser des dissolutions : le sucre et le sel sont des solutés et l'eau est le solvant. Si les solutés sont invisibles, on peut en revanche

s'assurer qu'ils sont toujours présents : goûtez chacune de vos solutions : l'une sera sucrée et l'autre salée...

Placez ensuite un à un les flacons dans le circuit électrique, comme sur le dessin, en faisant très attention à ce que les clous ne se touchent pas.

Attention ! Pour éviter les mélanges inopportuns pensez à bien essuyer les clous avec un papier absorbant propre entre chaque tentative. Lorsqu'un chimiste contamine par inadvertance une solution à cause d'un instrument sale car mal rincé, il obtient des résultats faux et on dit que la solution est souillée.

Bien évidemment, ici aussi, des solutions souillées nous amèneraient à des résultats expérimentaux erronés...

Après avoir pris toutes les précautions nécessaires, voici les résultats :

	Eau déminéralisée	**Eau sucrée**	**Eau salée**
Éclat de la lampe	Ne brille pas	Ne brille pas	Brille
Conclusion	Isolant	Isolant	Conducteur

Quelle surprise ! Certains liquides conduisent le courant électrique et d'autres non.

Pour comprendre ce phénomène nous devons regarder d'un peu plus près la composition chimique de ces différents liquides :

– L'eau déminéralisée est un corps pur : elle ne contient que des molécules d'eau de formule chimique H_2O. Il n'y a pas d'espèce chimique chargée dans ce mélange.

– L'eau sucrée est un mélange homogène d'eau et de sucre. Elle contient donc des molécules d'eau, H_2O ainsi que des molécules de sucre, le plus souvent du saccharose $C_{12}H_{22}O_{11}$. Cette molécule n'est pas chargée électriquement : le mélange ne peut pas conduire l'électricité.

– L'eau salée contient, quant à elle, outre les molécules d'eau, des ions sodium et des ions chlorure, de formules chimiques respectives Na^+ et Cl^-, issus de la dissolution du sel, le chlorure de sodium (NaCl). Ces espèces chimiques sont chargées électriquement. Le mélange conduit l'électricité.

Ainsi donc une solution ne peut conduire le courant électrique que si elle possède elle-même des espèces chimiques électriquement chargées : les ions. Les corps purs et les solutions moléculaires, qui ne contiennent que des espèces chimiques neutres sont de très mauvais conducteurs, que l'on nomme isolants.

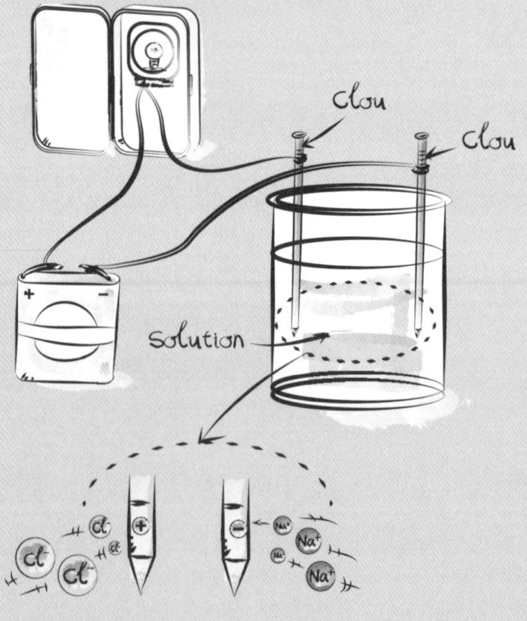

Si nous pouvions nous armer d'une caméra spéciale pour observer les mouvements des molécules d'eau et des ions dans notre solution, nous verrions que les molécules s'agitent de façon désordonnée tandis que les ions se déplacent dans une direction : les ions positifs se dirigent vers le clou relié à la borne négative de la pile, tandis que les ions négatifs migrent vers le clou relié à la borne positive de la pile. Ce double déplacement d'ions est à l'origine du caractère conducteur des solutions.

2

La chimie fait salon

Pièce de convivialité où se retrouve toute la famille, le salon regorge d'exemples des progrès de la chimie. S'étendre dans un fauteuil à côté d'une cheminée crépitante pour regarder la télévision, rien de plus naturel, certes, mais rien de plus chimique aussi !

Un bon feu de bois

Chauffer une maison ou un appartement est un problème majeur pour bon nombre de foyers. À la campagne, les énergies « modernes » telles que le gaz ou l'électricité sont parfois délaissées au profit du chauffage au bois. Source d'énergie quasi inépuisable et économique, il est de plus bien agréable d'avoir une cheminée dans laquelle un joli feu de bois ronronne doucement tout en dégageant une douce chaleur. Nommé « combustion », ce phénomène naturel connu depuis la nuit des temps obéit pourtant à de nombreuses règles chimiques.

Les combustions : des transformations chimiques

A priori, pour allumer un feu, il faut de quoi brûler (du bois par exemple) ainsi qu'un élément initiateur de combustion, en général la flamme d'un briquet ou d'une allumette. Mais est-ce vraiment tout ce qui est nécessaire ?

Faites-le à la maison

Brûlera ou brûlera pas ?

Allumez une bougie. Attendez que la flamme soit belle et droite, et recouvrez alors la bougie d'un verre retourné. Après quelques instants, la flamme vacille et finit par s'éteindre. Cette expérience tend à prouver que disposer d'un élément à brûler et d'un initiateur de combustion ne suffit pas à entretenir un feu. Une autre substance semble nécessaire, mais laquelle ?

Outre le bois ou la cire et la source de chaleur pour activer la réaction, il est nécessaire de disposer d'une autre espèce chimique pour entretenir une combustion. Cette substance est visiblement contenue dans l'air.

Imaginons alors une autre expérience, plus difficile à mettre en œuvre à la maison, permettant d'identifier ce composé. Prenons trois bougies allumées et plaçons-les dans des flacons fermés contenant du dioxygène pur (flacon 1), de l'air (flacon 2) ou du diazote pur (flacon 3). Le résultat est sans appel : si le flacon contenant de l'air sert de témoin (la bougie brûle normalement), nous constatons que dans le flacon 1 (dioxygène) la bougie brûle très vivement tandis que dans le flacon 3 (diazote) la combustion s'arrête immédiatement !

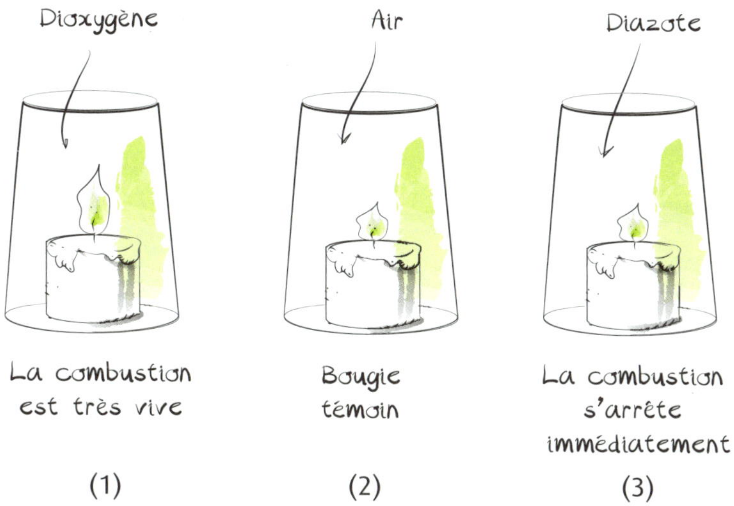

Ainsi le dioxygène est le gaz nécessaire pour observer une combustion. Le diazote ne permet pas à la bougie de brûler, quant à l'air, il ne contient pas que du dioxygène : la bougie peut donc y brûler mais la combustion est beaucoup moins vive que dans un environnement constitué uniquement de dioxygène.

Mémo Science

La composition de l'air

L'air qui nous entoure est un mélange de plusieurs gaz : il contient 21 % de dioxygène (O_2) et 78 % de diazote (N_2). Le 1 % restant correspond à l'ensemble des autres gaz, dioxyde de carbone (CO_2) inclus. Antoine Laurent de Lavoisier, chimiste français, détermina pour la première fois la composition de l'air au XVIIIe siècle.

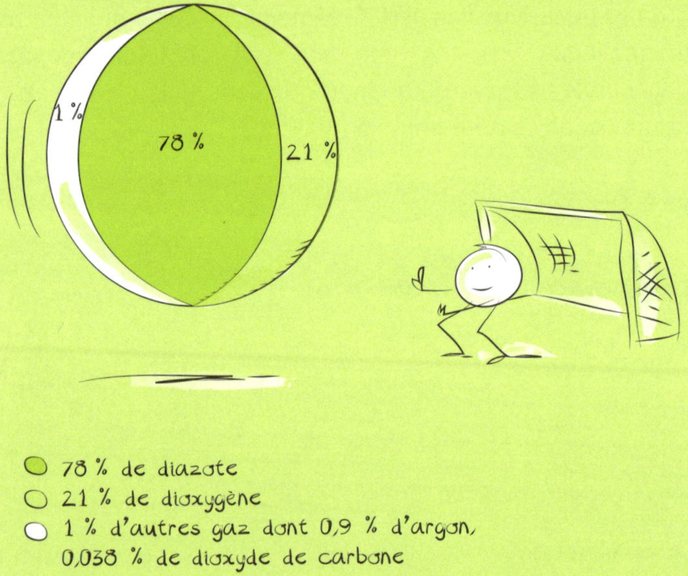

Dans les deux cas, air ou dioxygène, la bougie finit par s'éteindre... il reste pourtant de la cire : la bougie n'est pas totalement consommée. C'est en fait le dioxygène qui vient à manquer : nul n'a besoin d'être devin pour prédire alors que la bougie s'éteindra d'abord dans le flacon contenant de l'air puis, plus tard, dans le flacon rempli de dioxygène !

Les deux substances chimiques, la cire et le dioxygène, sont alors consommées ; de nouvelles substances se forment parmi lesquelles on trouve, entre autres, du dioxyde de carbone, gaz incolore et inodore, et de l'eau sous forme de vapeur. Les combustions sont donc des transformations chimiques !

L'intérêt premier des combustions est qu'elles produisent de la chaleur : le feu de cheminée chauffe la maison, le fioul permet de chauffer l'eau des radiateurs, le gaz de ville permet de cuire les aliments, de même que la braise du barbecue ! On dit de cette transformation chimique qu'elle est **exothermique** car elle s'accompagne d'un dégagement de chaleur qui peut être plus ou moins important d'un combustible à l'autre.

Une histoire de triangle...

Finalement, trois éléments doivent être réunis pour observer une combustion :

- le combustible, c'est-à-dire une substance capable de brûler (bois, papier, gaz...) ;
- le comburant, substance sans laquelle la combustion est impossible et qui est consommée au cours de la transformation chimique (le dioxygène de l'air dans notre cas) ;
- le point à haute température qui déclenche la combustion (allumette, court-circuit électrique, étincelle...).

Les scientifiques parlent alors du triangle du feu : trois sommets pour les trois conditions nécessaires pour brûler.

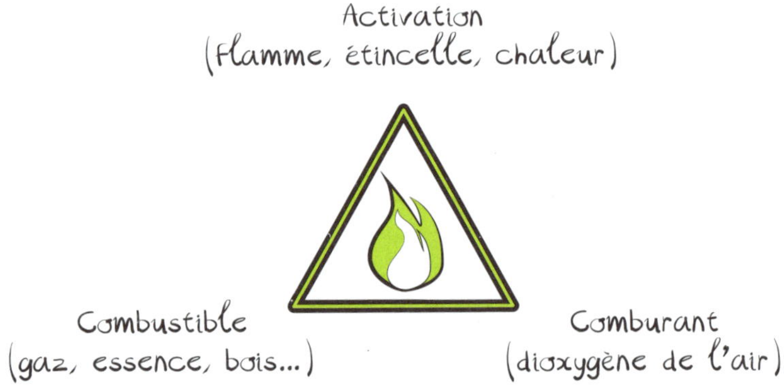

C'est d'ailleurs sur ce principe que sont construites les stratégies de lutte contre les incendies : arroser des flammes pour éteindre le feu : instinctif ? Certes, mais pas toujours efficace car tout dépend de la nature du feu.

Les piles

De nombreux appareils nomades utilisés quotidiennement doivent disposer de leur propre source d'énergie. Les télécommandes, bien sûr, mais surtout pour les radios, les baladeurs, ou encore les téléphones mobiles qui perdraient tout intérêt si l'utilisateur devait être prisonnier d'un fil branché à une prise.

Nous avons donc quotidiennement besoin de sources d'énergie sous forme de piles, rechargeables ou non, ou encore de batteries. D'un point de vue scientifique, tous ces objets appartiennent à la famille des générateurs électrochimiques, mot savant qui signifie simplement que l'énergie électrique est issue d'une transformation chimique. Une pile est donc avant tout un ensemble de substances (solides ou liquides), c'est-à-dire des réactifs, qui vont se transformer en échangeant des électrons.

Et Volta mit le monde au courant !

La découverte des piles débuta sur un débat scientifique vers la fin du XVIIIe siècle entre un biologiste, Luigi Galvani (1737-1798), et un physicien, Alessandro Volta (1745-1827). Le premier, réalisant l'étude des membres de la grenouille par dissection, s'aperçut que le contact métallique du scalpel avec une extrémité du muscle de la cuisse en provoquait la contraction. En l'absence de contact, pas de tressaillement, mais à nouveau une contraction à chaque contact direct. Galvani conclut alors à l'existence d'une énergie « animale ». Volta, en totale opposition avec cette interprétation, crut à l'existence d'une source d'énergie extérieure transmise au muscle de la grenouille. Il justifia sa théorie en mettant en avant le système d'accroche du muscle de la grenouille dépecée (une plaque métallique) et le scalpel, objet également de nature métallique. Selon lui, le contact des deux métaux avec une solution saline (les fluides contenus dans la grenouille !) générait de l'énergie électrique.

Pour conforter sa théorie, Volta réalisa un empilement de disques de cuivre et de zinc. Mais pas n'importe comment : sa tour comprenait alternativement un disque de cuivre, un buvard imbibé de saumure (solution très concentrée de chlorure de sodium, de l'eau salée), un disque de zinc en contact direct avec un disque de cuivre, un autre buvard et ainsi de suite. Aux bornes de cet empilement métallique une tension était mesurable. Volta venait de concevoir la première pile électrique, nom directement tiré de la structure qu'il avait réalisée en empilant les rondelles métalliques et le buvard.

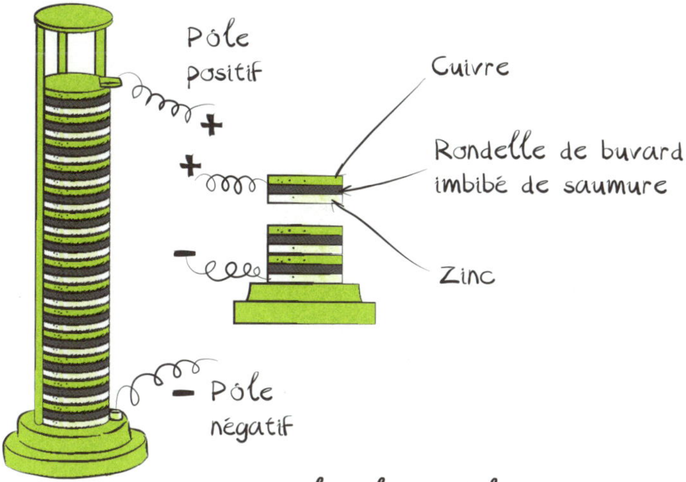

Principe de la pile de Volta

Mais que vient faire la chimie dans tout ça…

Comme nous l'avons déjà évoqué, certaines transformations chimiques libèrent de l'énergie. Cette énergie chimique est souvent libérée sous forme de chaleur comme dans le cas de la combustion. Dans d'autres cas, cette énergie chimique est convertie en énergie électrique.

Les métaux (comme tous les atomes) possèdent des électrons dont certains peuvent être plus ou moins facilement arrachés.

Faites-le à la maison

Une pile au citron

Récupérez un morceau de zinc (gouttière, raccord de toiture) ou un bout de trombone, ainsi qu'un morceau de cuivre provenant d'un fil électrique dénudé. Plantez ces deux métaux dans un citron frais et reliez le tout à l'aide de fils à une diode électroluminescente (DEL). Si le citron est bien frais et les contacts convenablement réalisés, la diode doit briller faiblement. Vous venez de réaliser votre première pile !

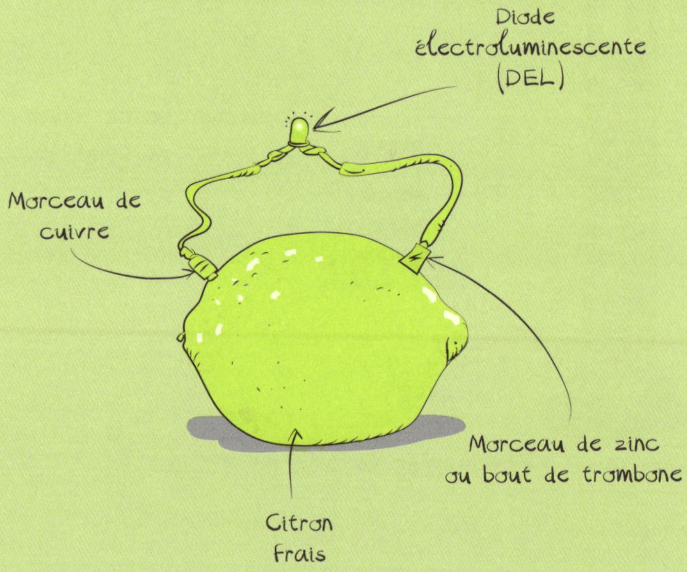

Dans le cas de deux métaux comme le cuivre et le zinc, un échange spontané d'électrons est possible. Un phénomène appelé « corrosion galvanique » s'établit alors, ce qui signifie qu'un métal va être détruit (il passe en solution sous forme d'ions) tandis que l'autre va être préservé.

Si on relie les deux métaux par un fil électrique et une lampe, les électrons pourront emprunter cette voie. On a alors des électrons qui circulent dans le circuit extérieur, soit un courant d'électrons et donc un courant électrique. Car c'est ici-même l'essence du courant électrique : des électrons en mouvement dans les fils, qui se déplacent tranquillement, quittant la borne négative de la pile pour rejoindre la borne positive. Sur leur chemin, ils rencontrent un récepteur, une lampe par exemple, dans laquelle l'énergie électrique est convertie en lumière.

Pour que les électrons circulent, il faut que le circuit soit fermé : il est donc indispensable que les deux métaux trempent dans une solution conductrice (du jus de citron, par exemple).

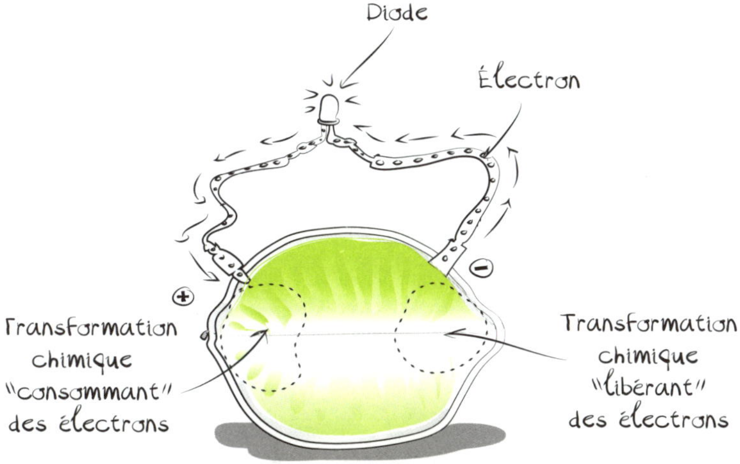

Les électrons libérés du côté de la borne − doivent rejoindre la borne + : ils passent alors par le fil électrique et traversent la diode

Mais les piles que l'on utilise ne contiennent pas de citron ! Cependant, le principe reste le même. Il faut toujours deux matériaux conducteurs qui trempent dans une solution conductrice. Dans le cas de la pile Daniell (du nom de son inventeur), les matériaux utilisés sont le cuivre et le zinc, plongés respectivement dans une solution contenant des ions cuivre et des ions zinc.

Des transformations chimiques ont alors lieu au niveau de chaque métal : on observe la consommation de la lame de zinc et l'accroissement de celle de cuivre, le tout accompagné d'une production d'électrons, donc d'un courant électrique.

Dans le commerce, nous trouvons principalement des piles salines et des piles alcalines. Les piles salines sont constituées d'une tige de carbone conducteur (borne positive de la pile) qui « baigne » dans un gel à base d'oxydes de manganèse. L'enveloppe de la pile, en zinc, fait office de borne négative. Ces deux éléments (« tige de carbone + gel » d'un côté et zinc de l'autre) sont séparés par une pâte de chlorure d'ammonium et de chlorure de zinc qui permet la conduction ionique, tout comme le jus de citron dans la pile artisanale. Capables de fournir une tension égale à 1,5 volt, ces générateurs ne contiennent pas de substances liquides peu pratiques à transporter : on parle alors de piles « sèches ».

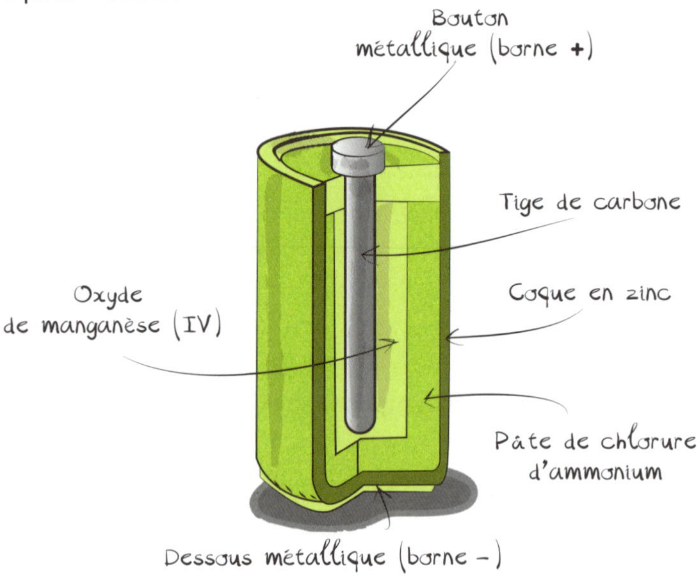

Sur le même modèle, les piles dites « alcalines » contiennent un gel très basique (potasse KOH gélifiée). Ces piles ont une durée de vie plus importante que les piles salines, et sont du coup vendues plus chères. En constante évolution, les modèles de piles disponibles sur le marché sont très variés et tentent toujours de répondre à de nouveaux besoins. Par exemple, les piles au lithium dites « bouton » associent un faible encombrement à une tension pouvant aller jusqu'à deux fois celles des piles alcalines.

Oups !

On vend aujourd'hui en France plus de 950 millions de piles par an (soit 27 000 tonnes), dont seulement un tiers est recyclé et ce malgré les nombreux points de collecte. À titre d'exemple, une seule pile bouton au mercure jetée dans la nature pollue 1 m^3 de terre et 1 000 m^3 d'eau pendant 50 ans ! Cette pollution n'est pas anodine pour l'homme et peut provoquer, entre autres, des troubles rénaux, nerveux et respiratoires. Les scientifiques ont alors développé de nouveaux types de générateurs qui contiennent des composés chimiques moins nocifs que le mercure tout en gardant des caractéristiques équivalentes. Ainsi, la plupart des piles contenues dans nos montres fonctionnent désormais avec de l'oxyde d'argent.

Du surligneur à l'écran plasma : la fluorescence

Qu'il s'agisse de cristaux liquides (Liquid Cristal Display – LCD) (voir p. 123) ou de plasma, les écrans plats sont un incontournable de ces dernières années. Adieu les tubes cathodiques si lourds et volumineux ; place aux téléviseurs extra-plats, summum de l'innovation et des nouvelles technologies. Et pourtant, tout comme les tubes cathodiques, cet objet très tendance repose sur une découverte du XIXe siècle : la fluorescence !

Pourquoi ne voyons-nous pas dans le noir ?

Lorsqu'on s'enferme dans notre chambre, volets fermés, on ne voit plus les objets, à l'exception de l'affichage du radioréveil, comparable à une petite lampe. Nous le savons tous : pour voir un objet, il faut qu'il soit éclairé à moins bien sûr qu'il ne fabrique lui-même sa propre lumière.

Pour voir un objet, il faut en réalité que de la lumière provenant de cet objet pénètre dans l'œil de l'observateur. S'il s'agit d'un objet qui fabrique lui-même sa propre lumière pas de soucis, mais pour la plupart des objets qui nous entourent ce n'est pas aussi simple : il faut que ces objets soient éclairés. Ces derniers renvoient alors une partie de la lumière reçue dans toutes les directions, et en particulier celle de notre œil.

Les grandes découvertes

Une lumière blanche de toutes les couleurs...

C'est en 1666 qu'Isaac Newton (1643-1727), physicien que la légende rendit célèbre pour une sieste sous un pommier, s'intéressa de très près à la lumière blanche. Il fit passer un faisceau de lumière blanche à travers un prisme, et observa sur le mur une suite de lumières colorées. Il comprit alors que la lumière blanche est constituée d'une multitude de lumières colorées : les couleurs de l'arc-en-ciel ! Le prisme permet de séparer ce mélange car chaque couleur est déviée de façon différente.

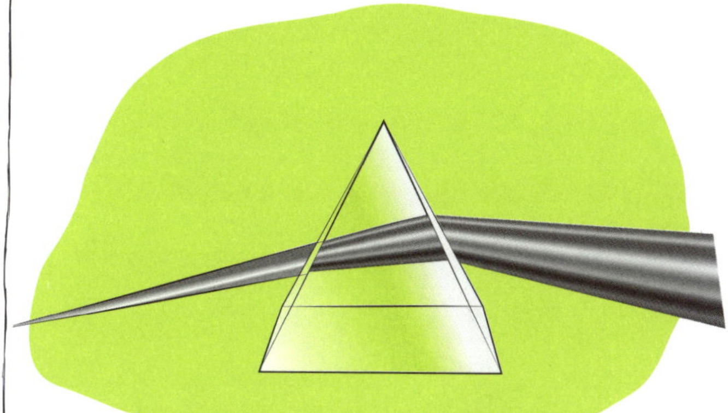

Il recommença l'expérience plusieurs fois et constata que les lumières colorées apparaissent systématiquement dans le même ordre : la couleur rouge est la moins déviée puis se succèdent, grosso modo, le jaune, l'orange, le vert, le cyan, le bleu et le violet. Newton donne alors le nom de « spectre » à cet étalement de lumières colorées.

La découverte de Newton (voir p. 35) permit de comprendre la nature complexe de la lumière : un objet est vert parce qu'il renvoie, ou diffuse, vers l'œil de l'observateur de la lumière verte et qu'il conserve ou absorbe les autres. Ainsi, la couleur d'un objet dépend avant tout de la lumière qui l'éclaire. Éclairons une pomme verte avec de la lumière rouge et elle nous semble noire : notre pomme verte ne peut diffuser que la lumière verte ; éclairée en rouge, elle absorbe le rouge et ne diffuse rien du tout en direction de notre œil !

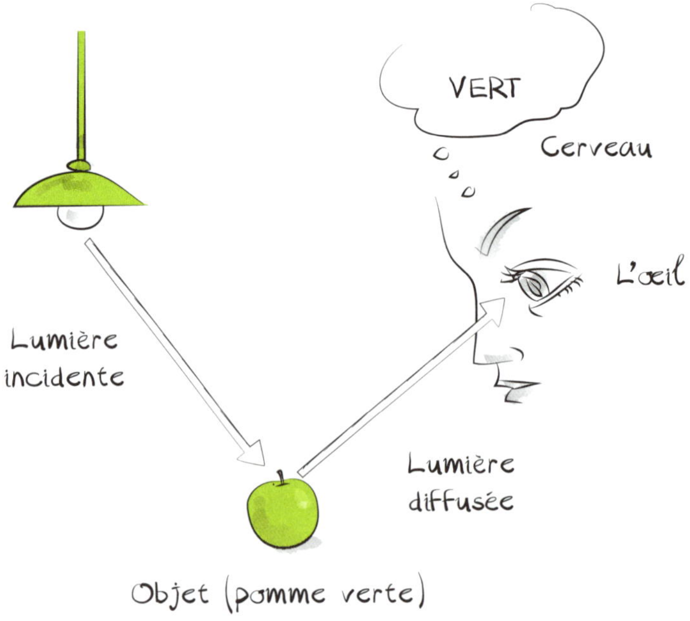

Une pomme verte éclairée en lumière blanche absorbe toutes les lumières colorées qui composent la lumière blanche à l'exception du vert, qu'elle diffuse dans toutes les directions, et en particulier celle de l'oeil.

La fluorescence… une histoire de générosité

Les premiers écrits décrivant le phénomène de fluorescence datent de 1565. À l'époque, un médecin espagnol, Nicolas Monardes (1493-1588), remarque que les décoctions de certains copeaux de bois, le *Lignum nephriticum*, prennent une couleur bleutée dans certaines conditions. Bien qu'observé, ce phénomène resta totalement incompris.

Il fallut attendre 1852 et les publications d'un professeur de Cambridge, Sir Gabriel Stokes (1819-1903), pour percer le mystère de ce phénomène. Ayant décomposé à l'aide d'un prisme la lumière du Soleil dans une salle obscure, il déplace un tube à essais contenant une solution de quinine dans les différentes régions du spectre. Rouge, puis orangé, jaune, verte et bleue… Dans cette partie du spectre, la solution se comporte comme de l'eau. En revanche, dans le violet et au-delà du violet, dans une zone où notre œil ne perçoit pas les rayonnements lumineux, la solution de quinine émet une lumière bleue !

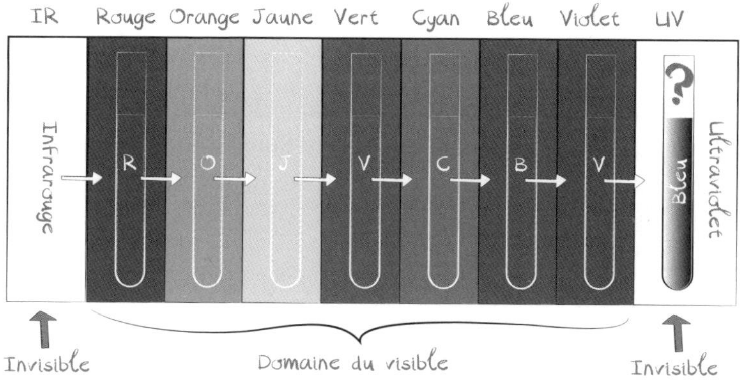

Stockes prouve alors que cette émission de lumière est liée à l'absorption par la quinine d'un rayonnement ultraviolet (UV), invisible pour notre œil. Après avoir absorbé le rayonnement UV, la quinine réémet de la lumière dans le domaine visible.

Oups !

Les sodas dits « tonic », au goût amer si caractéristique, contiennent de la quinine. Placées sous une lampe UV, ces boissons, incolores en lumière blanche, prennent une teinte bleutée liée à la fluorescence de la quinine. Ce phénomène est particulièrement connu des amateurs de boîte de nuit !

Selon le principe de la vision des couleurs, un objet qui ne diffuse que de la lumière verte paraît vert à la lumière naturelle. Outre cette lumière diffusée, un objet vert « fluo » quant à lui, émet une lumière supplémentaire issue des rayonnements UV qu'il transforme. D'où la perception d'une couleur fluo particulièrement lumineuse bien plus qu'un objet de même teinte mais non fluorescent ! Notre surligneur fluorescent est donc généreux !

La fluorescence est un phénomène de photoluminescence, c'est-à-dire un phénomène d'émission lumineuse consécutif à une excitation lumineuse. En effet, la fluorescence n'est observable que si l'objet est éclairé : le surligneur a besoin d'absorber de la lumière pour paraître « fluo ». Placez-le dans le noir et vous ne le verrez plus du tout !

Objet vert

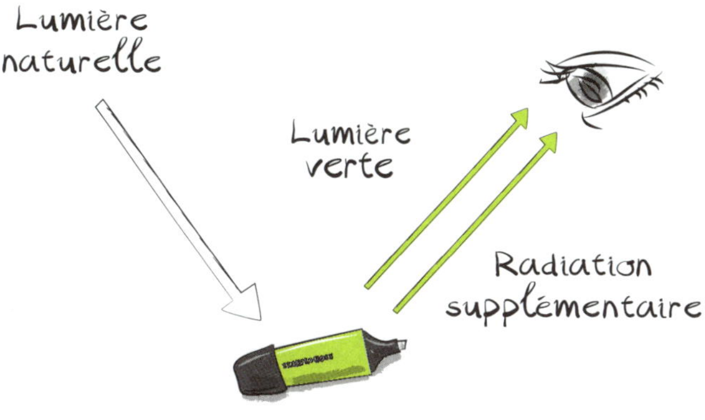

Objet vert fluo

Oups !

Contrairement à une idée reçue, le fluor n'est absolument pas fluorescent ! En 1852, Stockes constate que les cristaux de fluorspar, contenant du fluorure de calcium, se comportent comme la solution de quinine. Il choisit alors de désigner ce phénomène par le terme fluorescence. En réalité, la fluorescence du fluorspar est liée à la présence d'impuretés dans les cristaux sans aucun lien avec le fluor.

Mémo Science

Les experts mènent l'enquête

Fiction ou réalité, il n'est pas rare de voir les experts de la police scientifique, lunettes orange fixées sur le nez, inspecter minutieusement une scène de crime avec une lampe UV. Ces derniers utilisent entre autre des poudres fluorescentes pour révéler les empreintes digitales. Les détails des empreintes, révélés sous la lampe UV, sont alors bien plus précis qu'avec la poudre de carbone classique lorsque les supports sont colorés. Les lunettes orange permettent de filtrer la fluorescence bleue due à la présence d'azurant optique sur les supports des empreintes (papier, linge) et ainsi de renforcer le contraste et par la même occasion de se protéger les yeux.

Tube « néon » et écran plasma : même combat !

Le fonctionnement des écrans plasma est de fait relativement simple : chaque pixel est comme composé de trois minuscules lampes fluorescentes qui émettent chacune une couleur primaire : rouge, vert, ou bleu. En mélangeant ces trois lumières colorées, on obtient une multitude de teintes.

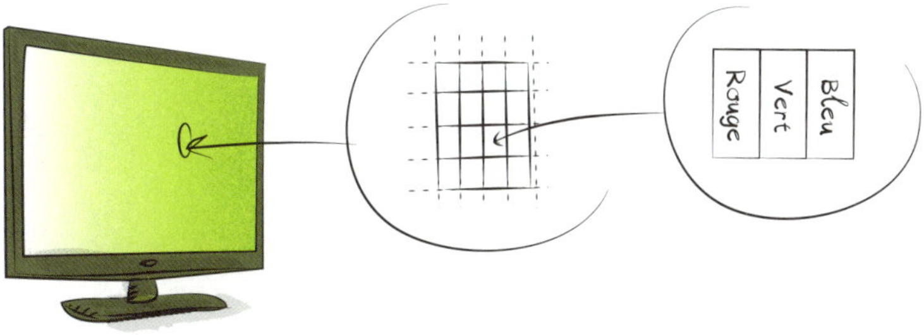

Ce principe est exactement le même que celui des tubes fluorescents, également appelés tubes « néon ».

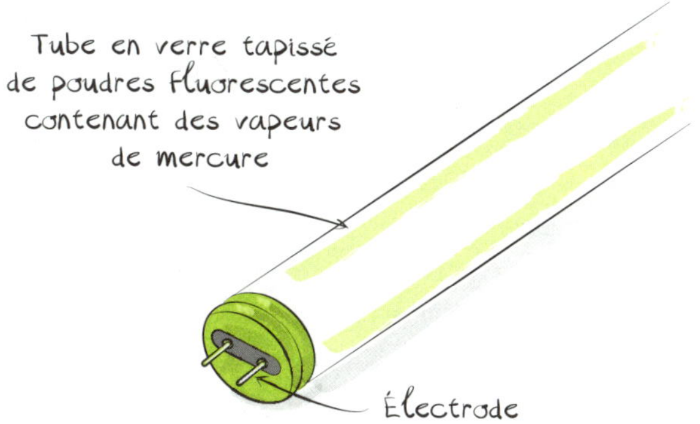

Des vapeurs de mercure sont enfermées dans un tube en verre pourvu à ses deux extrémités de petites tiges métalliques, des électrodes. En appliquant sur ces électrodes une forte tension électrique, plusieurs centaines de volts, les vapeurs de mercure se transforment en plasma, ou gaz ionisé.

Oups !

Les tubes « néon » de couleur blanche ne contiennent plus de néon depuis longtemps, mais des vapeurs de mercure. La dénomination historique est restée, il s'agit finalement d'un abus de langage communément admis !

Mémo Science

Qu'est-ce qu'un plasma ?

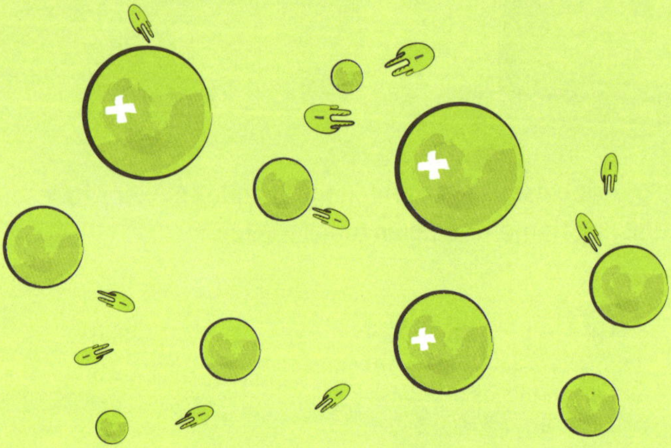

Dans les conditions usuelles, un gaz, tel que l'air ou les vapeurs de mercure, est un très bon isolant électrique. Sous l'effet d'une très forte tension électrique, un électron est arraché aux atomes qui constituent le gaz : on obtient un gaz ionisé, c'est-à-dire un mélange contenant des électrons libres et des ions positifs. Ce gaz (ionisé) devient alors un fluide très conducteur appelé plasma.

Sous l'effet de cette forte tension électrique, le plasma est brassé : les électrons, négatifs, se déplacent vers la borne positive du tube alors que les ions positifs sont au contraire attirés par l'électrode négative. La tension appliquée sur les électrodes change de signe 50 fois par seconde. On dit de cette tension qu'elle est alternative. Du coup, les électrodes changent de signe très régulièrement : positive, puis négative, puis de nouveau positive, et ainsi de suite.

Les électrons et les ions positifs changent alors de direction à chaque inversion de polarité des électrodes : le plasma est constamment et inlassablement brassé. Au cours de ces déplacements, des chocs entre particules se produisent. Lorsqu'un ion est percuté, il gagne de l'énergie qu'il perdra ultérieurement en émettant un photon, c'est-à-dire de la lumière.

Malheureusement, la lumière émise par le plasma n'est pas visible : il s'agit de rayonnements ultraviolets (UV). Transformer ce rayonnement invisible en rayonnement visible ? Rien de plus simple, faisons appel à la fluorescence !

Dans le cas des tubes domestiques, la paroi du tube « néon » est recouverte d'une poudre sensible aux UV qui émet de la lumière blanche. Cette poudre est un mélange de trois substances fluorescentes : l'une émettant du rouge, l'autre du vert et la dernière du bleu. Sous l'effet du rayonnement UV, elles émettent un mélange de ces trois lumières colorées, ce qui donne la sensation visuelle blanche.

Dans le cas de l'écran plasma, les poudres fluorescentes, ou scintillateurs, ne sont pas mélangées mais placées les unes à côté des autres dans de minuscules cavités dotées chacune de deux électrodes. Le gaz utilisé n'est plus constitué de vapeurs de mercure mais de xénon, de symbole Xe, appartenant à la famille des gaz rares. En appliquant une forte tension alternative, on brasse le plasma contenu dans les cavités. Ce dernier émet des rayonnements UV qui viennent frapper les scintillateurs disposés au fond de chaque cavité. Ils émettent alors une lumière colorée qui traverse ensuite la vitre avant pour être perçue par l'utilisateur.

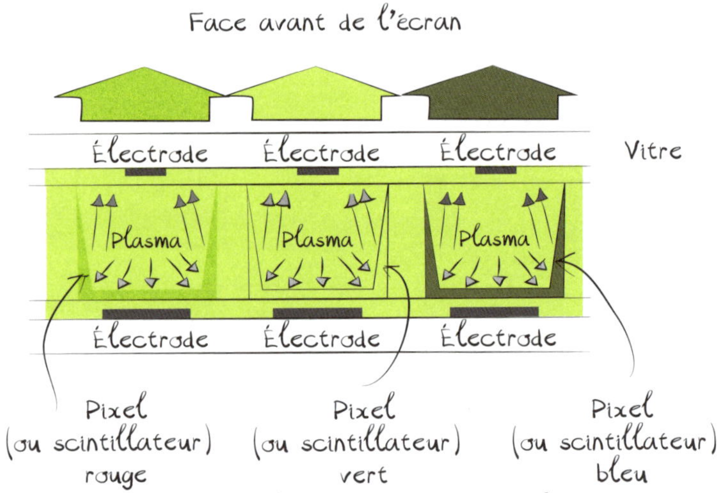

Les trois couleurs dans un écran plasma

Les polymères au quotidien

PE, PET, PVC, PS, PP... tant d'initiales que l'on a l'habitude de lire sur de nombreux objets du quotidien. Et pourtant, on n'y fait plus guère attention alors que ces matières plastiques sont partout. Que ce soit pour l'emballage alimentaire, les tuyaux de la plomberie, les pièces automobiles, les ordinateurs, les disques, les récipients, les cartes de paiement, les vêtements, l'isolation, notre quotidien n'est parfois que plastique. Et pour la plupart d'entre elles, les matières plastiques sont des créations pensées et fabriquées en laboratoire...

Les plastiques et l'histoire

Depuis 1950, l'industrie chimique du plastique n'a eu de cesse de se développer. À l'aube des années 2000, la production de matières plastiques était bien plus importante (140 millions de tonnes à travers le monde) que celle de l'aluminium (26 millions de tonnes à travers le monde) par exemple. Alors que la production d'acier stagnait, celle du plastique présentait une forte croissance principalement due aux différents secteurs d'activité avides de ce matériau indispensable.

Mais l'histoire du plastique ne démarre pas en 1950. En effet, le premier plastique synthétique à avoir été fabriqué est le polychlorure de vinyle (PVC). Maintes fois découvert par accident, on attribue à Henri-Victor Regnault (1810-1878), chimiste et physicien français, la paternité de cette matière plastique en 1838. Cette découverte restera sans suite et c'est en 1880 que la synthèse du PVC sera vraiment établie. Puis viendront en 1890 la fabrication de viscose à partir de chloroforme et d'acétate de cellulose, la cellophane dans les années 1900, le polyméthacrylate de méthyle plus connu sous le nom de Plexiglas® et les polystyrène et polyamide dans les années 1930.

Mémo Science

Un Nylon à tout faire

Le Nylon est un matériau plastique de la famille des polyamides. Inventé dans les années 1940 aux États-Unis, ce composé a servi en tout premier lieu pour la fabrication des brosses à dents, puis pour l'habillement avec les très connus « bas Nylon ». Lors de l'entrée en guerre des États-Unis, les toiles des parachutes ont été réalisées en Nylon, matière légère et résistante.

Les polymères et leurs synthèses

Comme leurs noms l'indiquent, les matières plastiques sont des « poly-quelque chose ». En chimie, on regroupe tout ce petit monde sous le terme de polymères. D'un point de vue étymologique, cela signifie que l'on a plusieurs (poly) parties ou motifs (mère), ou bien un enchaînement de monomères. Si l'on reprend l'image du Lego®, le monomère est une brique que l'on va accrocher à d'autres briques identiques un très grand nombre de fois. La longue chaîne obtenue est un polymère composé d'une répétition d'un même motif plusieurs dizaines de milliers de fois. La nature du polymère fabriqué, et donc ses propriétés physiques et chimiques, dépend du monomère utilisé : styrène pour le polystyrène, chlorure de vinyle pour le poly chlorure de vinyle (PVC), etc.

Faites-le à la maison

Une polymérisation « bio »

Le lait que l'on consomme tous les jours peut être utilisé comme matière première dans la synthèse de polymères. Tout est une question de transformation de la matière.

Dans un saladier, mélangez 100 millilitres de lait demi-écrémé et 10 millilitres d'acide acétique (du vinaigre de vin blanc en fait !). L'acide va avoir une influence sur les protéines contenues dans le lait et va le faire cailler (apparition d'un dépôt solide). Pour que cette transformation chimique soit plus rapide, faites chauffer doucement le mélange jusqu'à ce que des fragments solides soient visibles en assez grande quantité. À l'aide d'un morceau de gaze ou d'un simple mouchoir pas trop épais, filtrez le mélange. Seule la partie solide nous intéresse. Refermez l'étoffe autour de la pâte obtenue et pressez fortement afin d'évacuer le plus de liquide possible. Le polymère obtenu, nommé galalithe, durcira en séchant. Pour cela, étalez cette pâte dans un plat à l'aide d'un rouleau à pâtisserie, puis placez le plat au four (80 °C) durant une heure (jusqu'à ce que le polymère soit sec et dur). Le matériau obtenu peut être ensuite découpé, poli, peint et même verni ! Vous venez de synthétiser votre premier polymère « bio » !

Les monomères utilisés sont des petites molécules chimiquement assez réactives qui ne demandent qu'un petit coup de pouce pour aller s'additionner sur d'autres monomères. Ces réactions se font soit en présence d'une autre substance chimique qui va servir d'activateur de polymérisation, soit à haute température, ou encore par réaction photochimique (une radiation lumineuse énergétique fournit au système assez d'énergie pour déclencher la réaction) pour les photopolymérisations.

Une fois synthétisés, ces polymères ont des propriétés viscoélastiques. Cela signifie qu'on peut les déformer tant qu'ils présentent un comportement visqueux. La plupart sont ensuite **thermoformés** (on leur donne la forme désirée à chaud), sont **extrudés** (on souffle dedans afin de les plaquer sur les parois d'un moule, et on obtient une forme creuse comme un bidon), soit **expansés** (comme le polystyrène qui forme des billes plus ou moins grosses destinés à l'emballage) ou encore **compressés** (afin d'obtenir des pains compacts mais légers pour l'isolation par exemple).

Faites-le à la maison

Quand la lumière renseigne sur la composition chimique !

La décomposition de la lumière (soleil, lampe à incandescence, tube fluorescent...) fournit des informations sur la composition chimique de la source lumineuse. Cette technique d'analyse, très répandue chez les astronomes, fut utilisée pour la première fois en 1865 par deux savants allemands, Robert Bunsen (1811-1899) et Gustav Kirchhoff (1824-1887) pour déterminer la composition chimique du Soleil. On peut obtenir un spectre à l'aide d'un prisme, mais également en utilisant un réseau. Les microsillons des CD et des DVD forment de tels réseaux.

Comment réaliser un spectroscope à l'aide d'un CD ?

Pour cela, munissez-vous d'une boîte de biscuits en carton et d'un CD vierge. Sur l'une des extrémités de la boîte, réalisez à l'aide d'un cutter, en présence d'un adulte, une fine fente qui permettra à un fin faisceau de lumière d'entrer dans le dispositif. À l'autre bout de la boîte en carton, réalisez une nouvelle fente inclinée de 60°, comme indiqué sur le schéma, pour caler le CD, ainsi qu'un orifice plus large sur le dessus pour effectuer les observations.

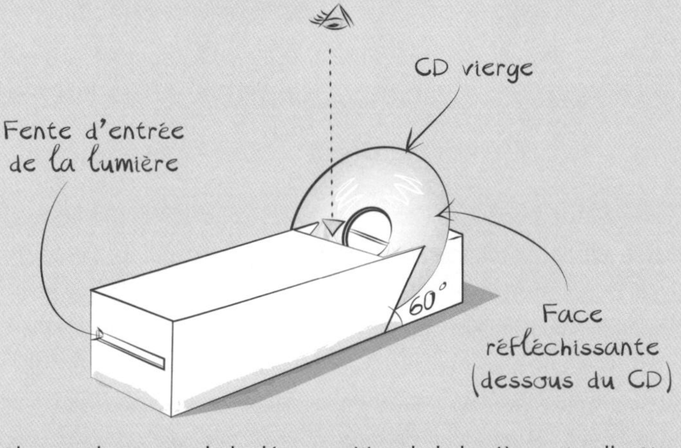

Observez le spectre de la décomposition de la lumière naturelle. Ne visez pas directement le soleil, contentez-vous simplement de placer le spectroscope à l'extérieur par temps clair.

Recommencez l'expérience en plaçant devant la fente une lampe fluocompact aussi appelée lampe à économie d'énergie. Comparez les deux spectres...

Interprétation du spectre de la lampe « fluo »

Le spectre de la lumière naturelle est un spectre continu : comme pour l'expérience historique de Newton, on observe un ensemble de bandes colorées, les couleurs de l'arc-en-ciel :

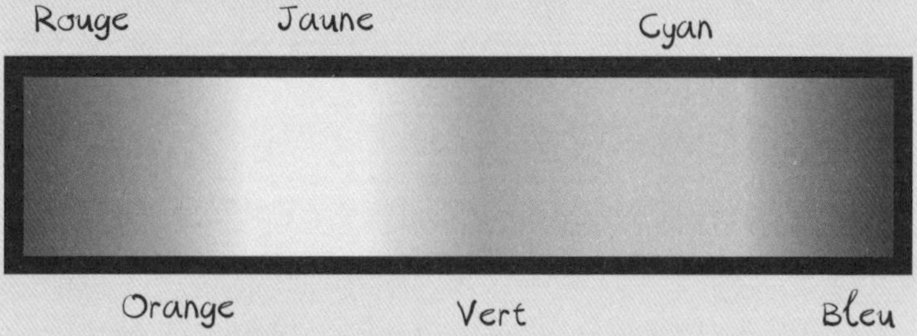

Le spectre de la lampe fluocompact, quant à lui, ne fait apparaître que des bandes rouges, vertes et bleues ! C'est un spectre discontinu présentant une alternance de bandes « noires » et de bandes colorées.

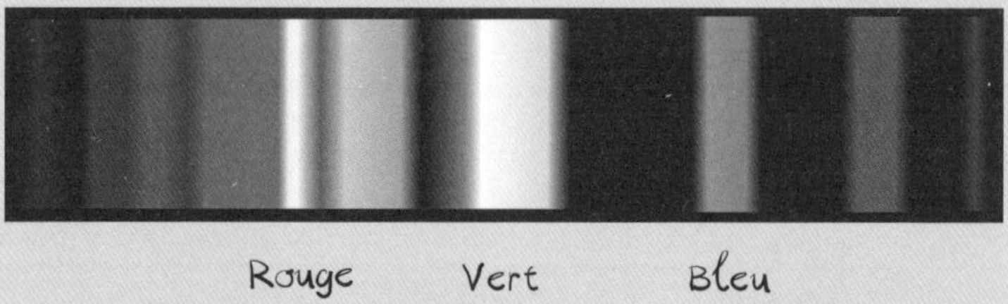

Si la lumière émise par ces lampes économiques semble blanche, cela n'a en fait rien à voir avec le blanc de la lumière naturelle : ce n'est qu'un mélange de trois lumières colorées : le rouge, le vert et le bleu. Les lampes fluocompacts fonctionnent sur le même principe que les tubes néon que nous connaissons déjà bien. Ainsi, la poudre blanche que nous observons sur le tube en verre des lampes fluo est en fait un mélange, et lorsqu'on décompose cette lumière, apparemment blanche, on obtient les trois raies lumineuses caractéristiques des poudres qui composent le mélange.

3

Des molécules en cuisine

De la fabrication d'une glace à la réalisation d'une marinade en passant par la cuisson d'un gâteau dans le four, ici tout n'est presque que chimie. Notre cuisine est, en fait, une sorte de laboratoire scientifique, et les recettes ne sont que la description détaillée des étapes nécessaires au bon déroulement des transformations chimiques.

Thé ou café ?

Chaque matin, le même rituel : à moitié endormis nous voici face à la machine à café pour préparer le petit-déjeuner, que ce soit en remplissant précautionneusement le filtre de la cafetière avec du café moulu, ou en plaçant une dosette dans un percolateur. Quelle que soit la méthode choisie pour préparer le café, les arômes ainsi que la caféine tant appréciés des consommateurs se retrouvent dans notre tasse par voie chimique...

En France, le café est traditionnellement préparé par **lixiviation**. De l'eau chaude circule lentement dans un filtre rempli de café moulu et s'écoule par gravité pour être finalement recueillie sous le filtre dans une cafetière. Ce procédé permet d'extraire du café les substances solubles dans l'eau (arômes, caféine...) tout en conservant dans le filtre les particules de café moulu insolubles. On parle alors généralement de café filtre.

Oups !

À l'origine, on utilisait une chaussette en guise de filtre à café, d'où l'expression « jus de chaussette » qui désigne aujourd'hui un mauvais café.

Cette technique, bien connue des chimistes, s'apparente à la filtration qu'ils utilisent pour séparer les différents constituants d'un mélange hétérogène, c'est-à-dire un mélange dont les constituants sont perceptibles à l'œil nu.

Mémo Science

Comment séparer ?

La **décantation** est une technique de séparation par gravité. Elle consiste à laisser reposer un mélange hétérogène, de sorte que les constituants plus denses que l'eau tombent au fond (gravier...) et ceux plus légers remontent en surface (huile...). Cette technique est utilisée en laboratoire mais également dans les usines de traitement des eaux usées (séparation des huiles, du sable...).

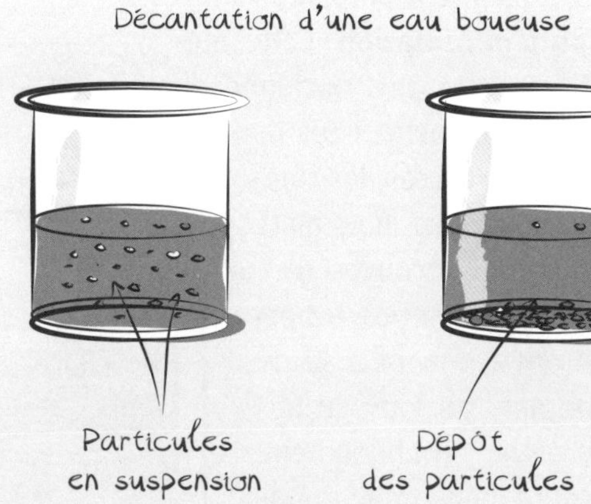

La **filtration**, quant à elle, nécessite l'utilisation d'un filtre en papier au travers duquel s'écoule lentement le mélange à filtrer. Les petites particules solides restent alors dans le filtre. Pour effectuer une filtration, il faut qu'au moins l'un des constituants soit sous forme solide.

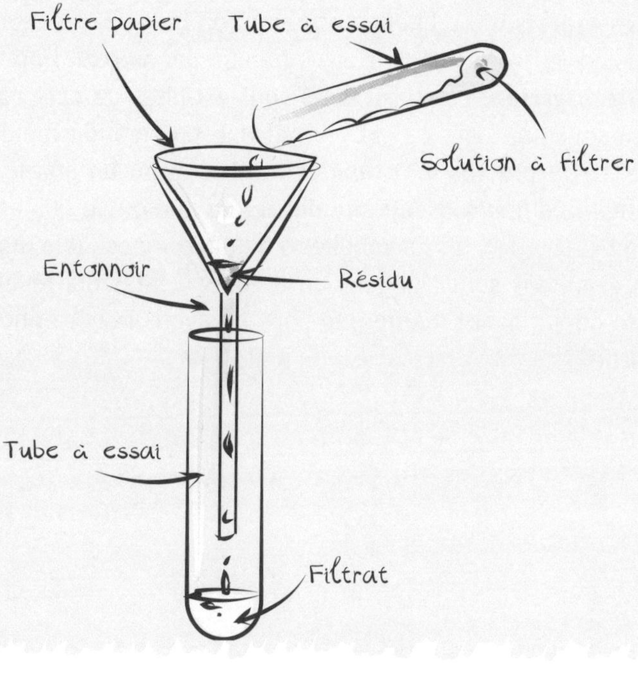

Vous pouvez également préparer votre café par **infusion puis décantation**. Cette méthode, probablement la plus ancienne de toutes, a connu un renouveau ces dernières années avec le succès des cafetières à piston. Le café est alors placé dans une cafetière puis recouvert d'eau très chaude. Laissées au repos, les particules de café ont tendance à se déposer très lentement au fond du récipient. Pour accélérer ce phénomène, un piston constitué d'une grille métallique très fine permet de séparer plus rapidement la boisson du marc ou résidu de café.

Les expressos, de l'italien *espresso* (en français, « extrait par pression »), sont quant à eux obtenus par **percolation sous haute pression**. Les substances sont extraites du café par de l'eau sous pression, ce qui permet une préparation rapide du café. Les expressos sont réputés comme ayant un arôme fort. Il s'agit là d'une conséquence directe de la mousse qui les surplombe. En effet, les microbulles d'air qui composent la mousse des expressos sont chargées en arômes volatils qui réveillent notre odorat avant même que nous en ayons la perception en bouche.

Le café contient près de 800 molécules responsables des arômes, ainsi que de la caféine. Particulièrement soluble dans l'eau, ce composé possède, entre autres, des propriétés stimulantes. C'est pour cette raison que cette boisson est surtout consommée le matin ou pendant les heures de travail. Le « déca », ou café décaféiné, permet quant à lui de profiter du goût du café sans l'effet stimulant, l'essentiel de la caféine en ayant été retiré.

Mémo Science

La caféine, une molécule qui a du « peps » !

La molécule de caféine est constituée de 8 atomes de carbone (C), 10 atomes d'hydrogène (H), 4 atomes d'azote (N) et de 2 atomes d'oxygène (O). Sa formule chimique est donc : $C_8H_{10}N_4O_2$.

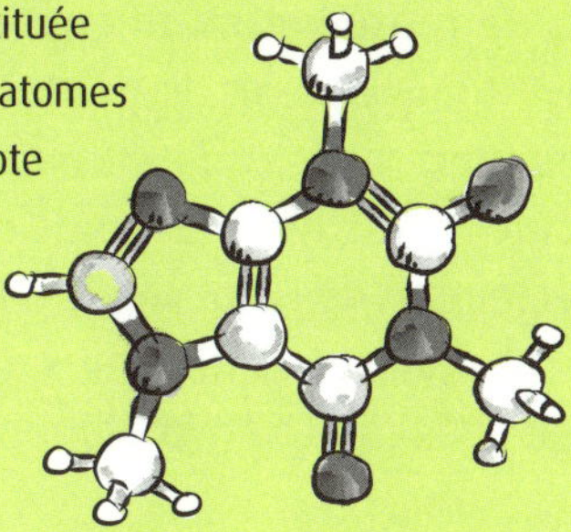

Molécule de caféine

Lors de la préparation d'un café, le taux d'extraction de la caféine augmente avec la durée de contact avec l'eau. Ainsi, pour une même mouture, et contrairement à une idée reçue, un expresso sera moins excitant qu'un café filtre, car la durée de contact eau/café est moins importante.

En revanche, si on augmente la surface de contact entre le café et l'eau, par exemple en moulant le café plus fin, le café obtenu aura un taux de caféine plus élevé.

Ainsi, pour obtenir un bon café, sans trop de caféine, il est nécessaire de jouer à la fois sur la durée de passage et la surface de contact avec l'eau. L'eau doit circuler le plus rapidement possible entre les particules de café moulu et la surface de contact entre ces deux éléments doit être maximale. Cette méthode est privilégiée dans les percolateurs connus pour permettre d'obtenir le meilleur café possible, souvent qualifié de « vrai café de comptoir » !

Quant au café soluble ou lyophilisé apprécié de certains consommateurs, il est préparé par déshydratation du café. Afin de conserver au mieux les arômes, le café très finement broyé (pour obtenir de petites particules) est mélangé avec de l'eau, puis filtré. Le filtrat ainsi obtenu, contenant eau, arômes et caféine est ensuite congelé puis sublimé : l'eau passe ainsi directement de l'état solide à l'état gazeux. Il ne reste alors que les substances intéressantes du café qui seront libérées dans la tasse par simple réhydratation à l'aide d'eau chaude…

Et pour la préparation du thé ?

Pour la préparation du thé, on procède uniquement par infusion : les feuilles de thé ou les fragments de feuilles contenues dans un sachet sont placées dans la tasse, au contact d'eau très chaude pendant un temps relativement long. Au cours de l'infusion, l'eau refroidit lentement et les arômes contenus dans les feuilles de thé diffusent progressivement dans l'eau.

Oups!

La théine, découverte en 1827, est l'un des composants les plus connus du thé. Il faudra attendre 1898 pour que les scientifiques s'aperçoivent qu'il s'agit en fait de la même molécule que la caféine… molécule de la famille des alcaloïdes.
Étonnament, à poids égal, le thé possède plus de caféine que le café.

Une grande partie de la caféine contenue dans le thé n'est en fait pas absorbée par notre organisme car les tanins (macromolécules contenues dans les végétaux), présents en très grande quantité dans le thé, en ralentissent l'assimilation.

Levure de boulanger versus levure chimique…

Le boulanger et sa levure…

Le boulanger est bien connu pour son bon pain et ses délicieuses viennoiseries, mais aussi pour sa levure de… boulanger. Lorsqu'il prépare la pâte destinée à lever puis à être cuite, il incorpore dans sa préparation une certaine quantité de levures. Car ce que cet artisan ajoute est en fait un champignon (*saccharomyces cerevisiae*) qui appartient à la grande famille biologique des levures.

Pour vivre, ces levures vont consommer le glucose (sucre) qu'elles trouvent à leur disposition pour le dégrader et le transformer en énergie. Après dégradation, elles rejettent de l'éthanol (un alcool qui s'évaporera lors de la cuisson) et du gaz : le dioxyde de carbone.

Ainsi, pour activer rapidement la levure « fraîche » que l'on utilise en cuisine, une petite astuce consiste à la placer dans une eau sucrée. Elle est alors environnée de glucose et réagit beaucoup plus vite.

Oups!

Les premiers pas de la pasteurisation...

Louis Pasteur (1822-1895) a commencé sa carrière de scientifique en étudiant la cristallographie (agencement spatial et propriétés des cristaux), et plus précisément en travaillant sur une famille de composés nommés tartrates. Un jour, il remarqua des moisissures en surface de ses échantillons. À partir de là, son intérêt se porta sur l'infiniment petit et tout un univers de réactions non purement chimiques, mais biologiques. Pasteur était alors lancé sur la voie de la fermentation et, plus tard, de la pasteurisation...

En pratique, comment la levure peut-elle aérer la pâte ?

C'est relativement simple. La levure bien mélangée dans la pâte disperse ces petits champignons en tout point de l'« appareil » ou mélange. Le gaz produit par fermentation apparaît sous forme de petites bulles qui vont repousser la pâte et créer un grand nombre de petites cavités. La pâte est donc aérée, même si ce n'est pas de l'air contenu dans les bulles, mais du dioxyde de carbone !

Enfin, la cuisson du pain signe l'arrêt de mort de ces levures qui ne résistent pas à une température de 180 °C.

Faites-le à la maison

Levure de boulanger : faut que ça mousse !

Placez dans une zone chaude de la cuisine (en haut des meubles car l'air chaud monte, ou sur un radiateur) un sachet de levure de boulanger mélangé à de l'eau tiède avec un peu de miel ou de sucre. Après quelques minutes, vous observerez la formation d'une mousse en surface, preuve du début de l'entrée en action des levures ! Mélangez cette préparation avec de la farine et de l'eau et, quelques heures plus tard, vous obtiendrez une pâte très aérée pleine de gros trous.

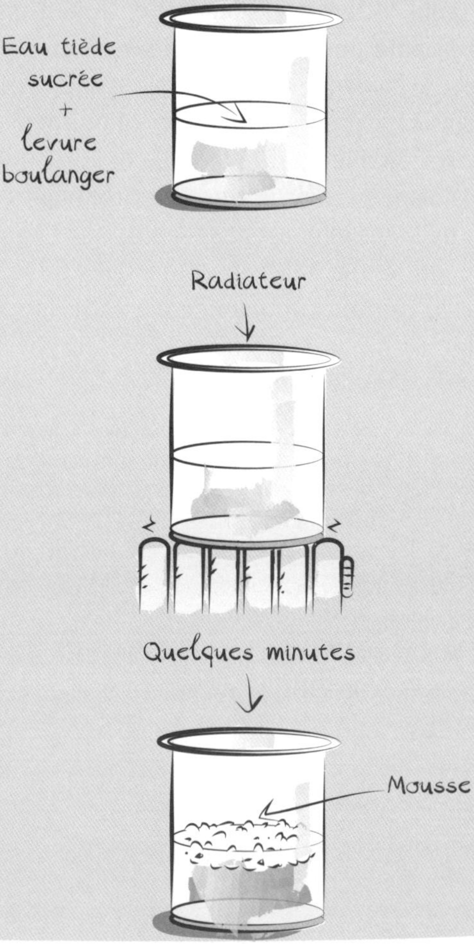

La levure des chimistes est chimique !

La chimie vient à la rescousse des cuisiniers en copiant la fermentation réalisée par la nature. Mais dans les sachets de levure chimique, point de champignons ! En effet, un sachet de levure chimique contient un mélange de bicarbonate de sodium et de pyrophosphate de sodium. L'un est assez connu, le bicarbonate de sodium parfois nommé bicarbonate de soude, substance basique, tandis que l'autre est uniquement connu des chimistes (c'est un acide). Alors comment la levure chimique est-elle capable de faire gonfler une pâte à gâteaux ? Le principe est le même que pour la levure de boulanger. Il faut qu'un gaz se forme dans la pâte pour que celle-ci s'aère et « monte ». Le sachet de levure chimique ne gonfle pas spontanément dans le tiroir de la cuisine, car aucune transformation chimique n'a lieu à sec. La formation d'un gaz (le dioxyde de carbone) se produit uniquement lorsque les deux composés chimiques à l'état de poudre sont hydratés et peuvent se rencontrer. L'eau nécessaire à cette première étape indispensable provient des ingrédients utilisés pour la recette. Contrairement à la levure « vivante » de boulanger, ici aucun sucre n'est nécessaire et il n'y a pas d'alcool produit dans la pâte...

Oups !

Un sachet de levure chimique hydraté est capable de générer quasiment deux litres de dioxyde de carbone. Imaginez le volume de la pâte à gâteaux !
En réalité, le gâteau ne finit pas par « exploser » car le gaz réussit à s'échapper après avoir aéré la pâte.

Si l'industriel a bien réalisé son mélange de pyrophosphate de sodium et de bicarbonate de sodium, alors ces deux réactifs doivent être totalement transformés en fin de réaction. Une fois la transformation chimique réalisée dans la pâte à gâteaux, le milieu sera donc totalement neutre. La levure chimique ne provoque aucune modification des saveurs du gâteau : ni plus acide, ni plus basique.

L'autre avantage de la levure chimique, c'est qu'une fois la poudre mouillée, la réaction débute immédiatement. Tandis que les champignons contenus dans la levure de boulanger sont plus lents à réagir.

Faites-le à la maison

Quand la levure chimique produit du gaz...

Videz un sachet de levure chimique dans une petite bouteille en plastique. Ajoutez de l'eau et bouchez immédiatement la bouteille avec un ballon de baudruche en caoutchouc. Secouez doucement et observez...

On voit apparaître un dégagement gazeux à la surface du liquide. Petit à petit, le gaz produit va gonfler le ballon. On prouve bien que cette transformation chimique génère du gaz !

Soufflé n'est pas joué !

Montera, montera pas ? Cruel dilemme que celui du cuisinier surveillant avec inquiétude son soufflé dans le four tandis que les invités prennent place autour de la table. Pourtant, rien n'est plus simple que de réussir un soufflé bien gonflé lorsqu'on connaît ses secrets chimiques : succès garanti !

Pour faire un soufflé, réalisez tout d'abord une sauce béchamel à base de beurre, de farine et de lait (une substance très complexe sur le plan chimique mais qui contient de l'eau) à laquelle vous ajouterez des jaunes d'œufs et du fromage râpé. Vient ensuite une étape plus délicate qui consiste à incorporer les trois blancs d'œufs, montés en neige, au mélange refroidi (la béchamel se préparant à chaud).

Faites-le à la maison

Voir ce qui se cache sous la coquille d'un œuf

Il est possible de voir l'intérieur d'un œuf en le plongeant dans un verre contenant du vinaigre d'alcool. Attention, il faut être patient et attendre environ 24 heures ! L'acide contenu dans le vinaigre va attaquer tout doucement le calcaire qui forme la coquille. Petit à petit, la coquille va totalement être décomposée pour laisser apparaître l'intérieur de l'œuf.

Regardons de plus près ce blanc d'œuf liquide qui peut se transformer en une mousse épaisse et solide lorsqu'il est fouetté.

Les blancs d'œufs sont essentiellement composés d'eau et de protéines enroulées sur elles-mêmes. Les protéines sont de très longues molécules, constituées de plusieurs milliers d'atomes, qui possèdent des parties hydrophiles (qui aiment l'eau) et des parties hydrophobes (qui n'aiment pas l'eau).

Pour faire monter les blancs en neige, nous battons énergiquement le blanc d'œuf avec un fouet, ce qui provoque l'incorporation d'air dans le mélange. Dans le même temps, cette action mécanique déroule les protéines, qui viennent ensuite se placer autour des bulles d'air. La partie de la protéine qui aime l'eau reste dans le blanc d'œuf, tandis que celle qui déteste l'eau vient se ficher dans la bulle d'air. Et ainsi de suite. Une sorte de maillage entre les différentes bulles se crée par l'intermédiaire des protéines. Les bulles sont ainsi dispersées dans une matrice de protéines.

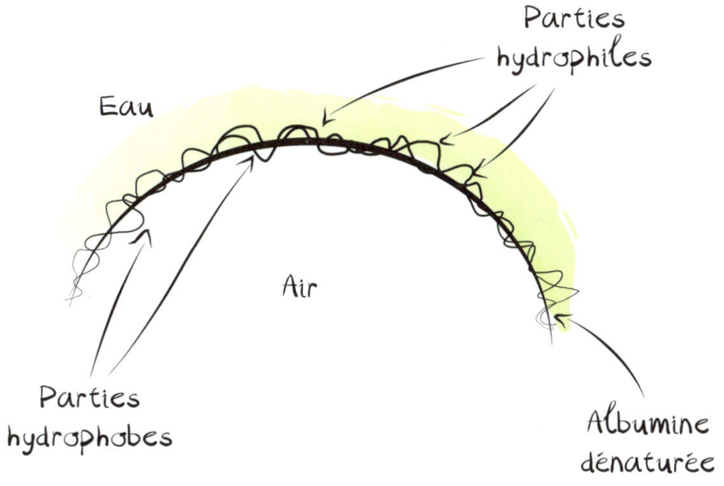

Plus les bulles d'air seront petites et nombreuses et plus les blancs d'œufs en neige seront fermes.

Vous pouvez ajouter un peu de jus de citron : l'acide citrique qu'il contient permettra de dérouler les protéines plus facilement. Autre astuce : quand les blancs d'œufs finissent par ne plus monter, vous pouvez ajouter au fur et à mesure de petites quantités d'eau. En effet, la montée des blancs en neige fait intervenir trois acteurs : l'eau, les protéines et l'air. L'air est disponible en quantité infinie et les protéines sont en très grand nombre dans un blanc d'œuf. C'est donc la quantité d'eau qui est limitante dans cette opération.

En procédant ainsi il est possible d'obtenir un mètre cube de blanc d'œuf en neige à partir du blanc d'un seul œuf !

Un soufflé bien gonflé

Pour optimiser la cuisson, il faut préchauffer le four à 180 °C. À cette température, l'eau contenue dans le soufflé se transforme aisément en vapeur.

Il s'agit là d'un changement d'état appelé vaporisation. Dans les conditions usuelles (c'est-à-dire pour une pression ambiante égale à 1 bar), la température de vaporisation de l'eau pure est égale à 100 °C. Le four chauffe bien au-delà : une partie de l'énergie qu'il fournit sous forme de chaleur, de l'énergie thermique, est utilisée pour transformer l'eau contenue dans le soufflé en gaz.

La vapeur d'eau, tout comme l'air que contient notre soufflé grâce aux blancs d'œufs montés en neige, forme de petites poches et soulève la pâte avant de s'échapper dans le four.

Mémo Science

La matière dans tous ses états

Au niveau microscopique, les trois états de la matière (solide, liquide, et gazeux), se distinguent par un agencement différent des molécules :

• **À l'état solide**, les molécules sont proches les unes des autres et fermement liées entre elles. Elles ne peuvent se déplacer les unes par rapport aux autres. À l'échelle macroscopique, celle de nos observations, un solide possède sa propre forme et son propre volume. Il est difficile de les modifier en appuyant dessus par exemple.

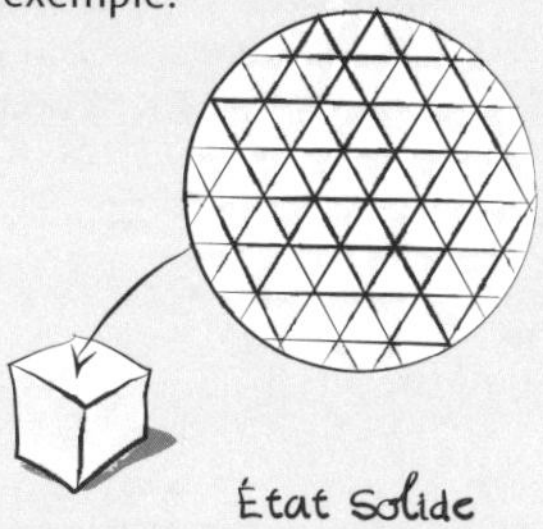

État Solide

• **À l'état liquide**, les molécules sont toujours proches les unes des autres mais peu liées entre elles et désordonnées. Elles peuvent, cette fois-ci, se déplacer les unes par rapport aux autres. On dit qu'un liquide possède un volume propre mais ne possède pas de forme propre. En versant un litre de liquide dans une bouteille, puis dans un saladier, on constate que la forme change mais que le volume reste le même.

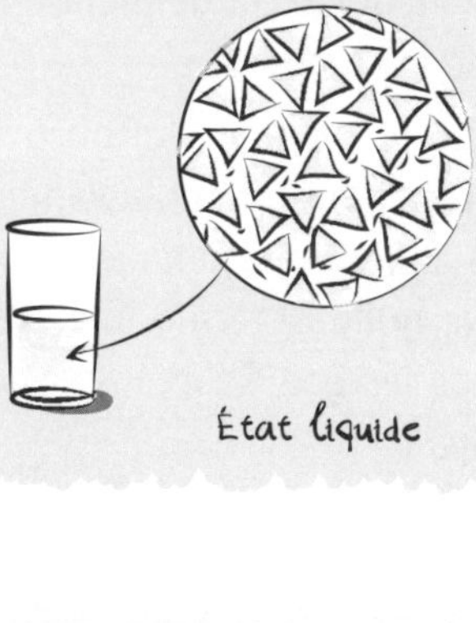

État liquide

• **À l'état gazeux**, les choses se compliquent légèrement : les molécules qui constituent un gaz sont animées de mouvements désordonnés permanents et sont très éloignées les unes des autres. Le gaz ne possède donc ni forme propre ni volume propre : remplissez une seringue d'air, bouchez-en l'extrémité, il vous sera toujours possible d'appuyer sur le piston. On peut considérablement réduire le volume mis à disposition des molécules qui composent l'air à l'intérieur de la seringue...

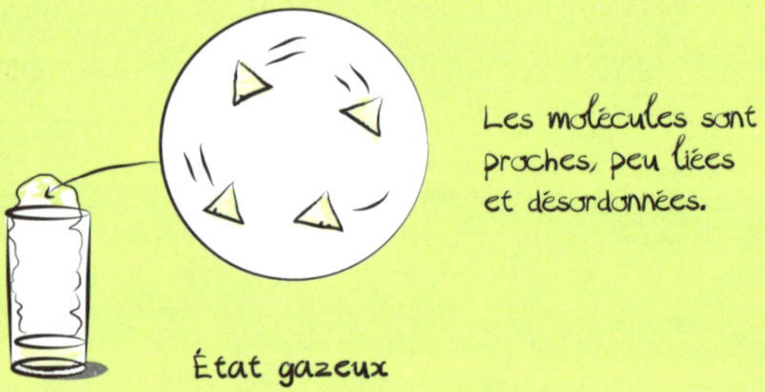

L'agitation des molécules qui constituent un gaz dépend de la température de ce gaz : plus elle augmente, plus les molécules bougent.

Cette agitation sans cesse croissante se traduit par une augmentation de la place qu'occupe le gaz : la pression des gaz à l'intérieur du soufflé augmente dans un premier temps et les bulles deviennent de plus en plus grosses.

Ainsi, plus les œufs montés en neige contiennent d'air, plus le soufflé gonflera sous l'effet de la chaleur...

Pour obtenir un soufflé encore plus gonflé, on peut également imperméabiliser sa surface pour retenir la vapeur à l'intérieur, par exemple en le saupoudrant de fromage râpé avant de le passer au four : ce fromage grille et forme une pellicule qui retient un peu plus longtemps les gaz à l'intérieur de la pâte. Résultat : le soufflé monte plus !

Attention ! Il ne faut surtout pas ouvrir la porte du four avant la fin de la cuisson : la température baisserait très rapidement, les gaz se rétracteraient et l'eau, initialement gazeuse, redeviendrait liquide (liquéfaction). Le soufflé, qui n'est pas encore cuit et donc pas encore « dur », retomberait immédiatement...

Une bonne mayonnaise

Tout le monde vous le dira, l'eau et l'huile ont la réputation de ne pas s'entendre : elles ne se mélangent pas... On pourra toujours les agiter, rien n'y fera, ces deux liquides forment désespérément deux couches superposées que l'on appelle un mélange hétérogène. L'eau et l'huile sont donc définitivement deux liquides non miscibles !

Mais pourquoi donc l'eau et l'huile ne se mélangent-elles pas ? Pour répondre à cette question il faut s'intéresser de plus près aux molécules qui composent ces deux corps. Si la molécule d'eau est globalement électriquement neutre, elle possède en réalité des charges électriques, négatives et positives, réparties sur ses différents atomes.

H_2O

Si on frotte vigoureusement une règle en plastique sur un torchon puis qu'on l'approche d'un fin filet d'eau s'écoulant du robinet, on voit irrémédiablement le filet d'eau dévier vers la règle. En effet, en frottant la règle sur le torchon, on arrache au torchon des charges électriques. Une partie de la molécule d'eau étant plutôt positive et l'autre plutôt négative, on dit de la molécule d'eau qu'elle est polaire. Cela la rend sensible aux forces électriques engendrées par les charges de la règle. Le filet d'eau est donc attiré par la règle.

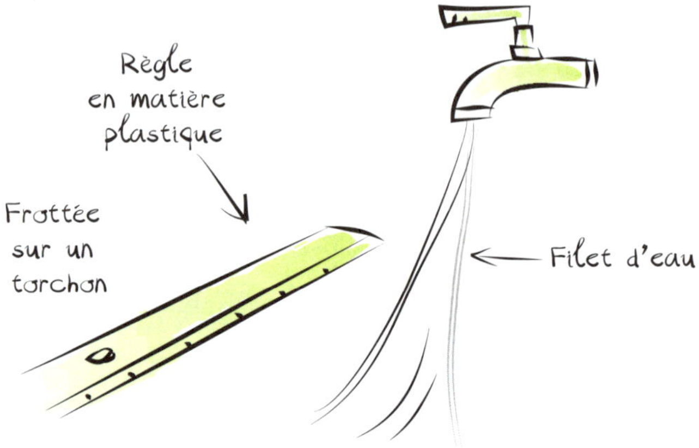

Les huiles, qui sont des corps gras, contiennent des molécules principalement constituées d'atomes de carbone et d'hydrogène organisées sous forme de longues chaînes.

La longueur du corps de ces molécules fait qu'elles n'ont pas de petites charges électriques locales et de fait, sont très peu polaires voire pas polaires du tout. Elles sont dites « apolaires ».

Les molécules d'eau et d'huile n'ont donc pas d'affinités entre elles : elles ne peuvent pas interagir et se mélanger. Les molécules d'eau restent entre elles, avec leurs charges électriques locales.

Et pourtant... que se passe-t-il dans la mayonnaise, où le jaune d'œuf, constitué pour moitié d'eau, s'allie avec l'huile pour former une crème jaune uniforme et homogène ?

Pour mélanger ces deux liquides, il faut une troisième molécule, que l'on appelle tensioactif, et qui possède une partie polaire, tout comme l'eau, et une partie apolaire, comme l'huile. En résumé, une molécule appartenant aux deux catégories de molécules, et capable par conséquent de s'associer à la fois à l'eau et à l'huile : la partie polaire, également appelée tête hydrophile (qui aime l'eau), interagit avec l'eau tandis que la partie apolaire, ou queue hydrophobe (qui n'aime pas l'eau), interagit avec l'huile.

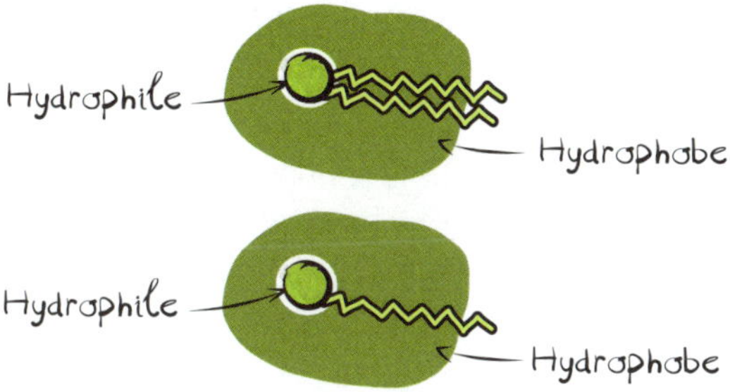

Les tensioactifs peuvent avoir une ou plusieurs queues hydrophobes.

Outre l'eau, le jaune d'œuf contient également une substance essentielle appelée lécithine ainsi que de nombreuses protéines naturellement tensioactives : des molécules longues constituées d'une tête hydrophile et d'une queue hydrophobe.

Ces molécules se fixent à l'huile, avec leurs queues, formant ainsi des gouttelettes d'huile entourées de molécules tensioactives. Les têtes des molécules, quant à elles, fan d'eau, restent en contact avec les molécules d'eau de l'œuf et pointent vers l'extérieur. Les chimistes appellent les structures ainsi obtenues des micelles.

Lorsque l'on prépare une mayonnaise, on verse progressivement l'huile sur le jaune d'œuf tout en agitant énergiquement. De nombreuses micelles de corps gras se forment, se retrouvent serrées les unes contre les autres et ne peuvent plus bouger, formant au final une masse compacte et visqueuse.

Voici donc deux substances non miscibles qui donnent naissance à un mélange stable : on parle alors d'émulsion. Un seul jaune d'œuf peut être utilisé pour préparer des litres et des litres de mayonnaise. En effet, les protéines et la lécithine sont tellement abondantes dans le jaune d'œuf qu'il est possible d'y ajouter plusieurs litres d'huile... à la condition d'ajouter assez d'eau pour que l'émulsion se forme.

Saviez-vous qu'il est possible de fabriquer de la mayonnaise à partir du blanc d'œuf ?

Ce dernier contient également des protéines, notamment l'albumine, qui possèdent elles aussi des parties hydrophiles et des parties hydrophobes. L'albumine du blanc d'œuf peut donc tout à fait remplacer les protéines et la lécithine du jaune d'œuf. Une telle mayonnaise est cependant très pâle et fade.

De même il serait tout à fait possible de fabriquer de la mayonnaise sans œuf, à partir d'eau et d'huile, à condition d'y ajouter un tensioactif tel que la moutarde par exemple.

Oups !

Des tensioactifs pour lutter contre les marées noires

Pour lutter contre l'afflux de pétrole sur le littoral en cas de marée noire, les organismes en charge de la lutte et du contrôle de la pollution procèdent par dispersion : un agent dispersant (tensioactif) est déversé sur la nappe de pétrole. Le mouvement naturel de la mer mélange l'agent dispersant au pétrole et forme ainsi de petites gouttelettes. Le temps passant, le tensioactif est brassé avec le pétrole et les gouttelettes deviennent de plus en plus petites. La surface d'échange eau-pétrole augmente et la dégradation biologique de l'hydrocarbure s'en trouve facilitée et accélérée.

Les grandes découvertes

Comment déterminer la taille d'une molécule ?

En 1774, près de Londres, Benjamin Franklin (1710-1790) fait l'expérience suivante au bord d'un étang : il verse une cuillerée d'huile d'olive (soit 2 mL) et constate que l'huile s'étale pour former une couche très fine qu'il estime à 2 000 m^2.

Franklin n'a pas déterminé la longueur d'une molécule car il en ignorait l'existence. Ce n'est qu'un siècle plus tard, en refaisant cette expérience à une échelle réduite, que Lord Rayleigh réussit à déterminer l'ordre de grandeur de la taille d'une molécule d'huile. Il supposa que la pellicule d'huile formée à la surface de l'eau était constituée par une seule épaisseur de molécules d'huile, dressées verticalement les unes contre les autres, les têtes plongeant dans l'eau et les longues chaînes pointant vers le ciel.

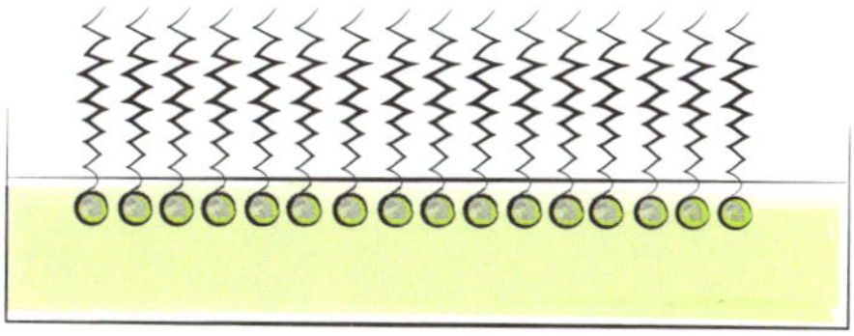

À partir de l'étendue de la « peau » et du volume d'huile versé, Rayleigh en déduisit l'épaisseur de la couche d'huile :

$\mathbf{V}_{\text{huile versé}}$ = surface de la peau d'huile × épaisseur de la couche

et obtint ainsi un ordre de grandeur de la longueur des molécules constituant l'huile d'olive.

Bien que le raisonnement revienne à Lord Rayleigh, cette expérience est aujourd'hui célèbre sous le nom d'« expérience de Franklin ».

Du sel dans la cuisine

Le sel de table est un solide cristallin constitué à plus de 95 % de chlorure de sodium. C'est un assemblage d'ions sodium, Na^+, et d'ions chlorure, Cl^-, d'où son nom, le chlorure de sodium. On dit du chlorure de sodium qu'il possède une structure cubique périodique, c'est-à-dire qu'il est formé d'un même petit motif élémentaire cubique qui se répète un très grand nombre de fois. De cette structure si particulière vient la forme des cristaux de sels qui, à l'échelle microscopique, ont tous la même forme : qu'un cristal de sel ait une forme de cube, ou de pyramide, il sera toujours constitué de ces petits cubes élémentaires !

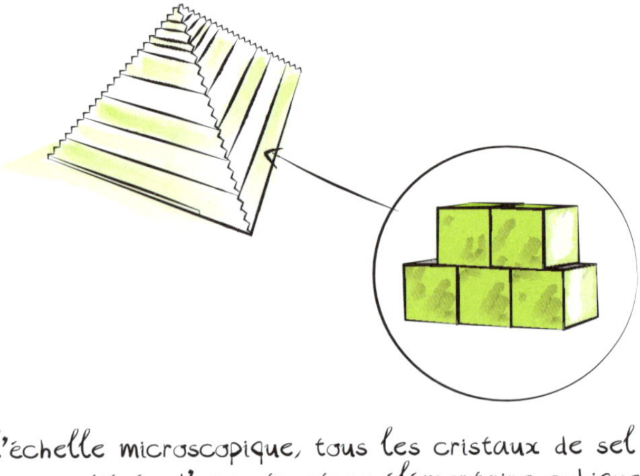

A l'échelle microscopique, tous les cristaux de sel sont constitués d'une structure élémentaire cubique

Mais d'où vient donc le sel ?

Le sel, cet étrange condiment, est connu depuis la Préhistoire pour ses propriétés d'assaisonnement et de conservation de la nourriture.

Nous avons tous fait cette expérience quelque peu malheureuse de boire la tasse lors d'une baignade en mer. Le constat est sans appel : c'est salé ! Le sel de table consommé aujourd'hui est principalement extrait de l'eau de mer.

C'est dans les marais salants que tout se passe : hormis quelques exceptions, les marais salants, ou salines, sont situés en bord de mer. Ce sont des bassins, ou partènements, de faibles profondeurs dans lesquels l'eau de mer circule très lentement. Sous l'effet de l'évaporation naturelle de l'eau, le sel cristallise et s'accumule sur les bords faiblement pentus des bassins.

Il s'agit là d'une des curiosités de la chimie : faites bouillir de l'eau salée, seule l'eau passe à l'état de gaz et le sel reste au fond de la casserole. C'est sur ce principe que sont construits les marais salants qui exposent d'immenses étendues d'eau salée aux vents et au soleil, favorisant ainsi l'évaporation.

Un peu plus loin le sel cristallise doucement sur les bords des partènements (ou bassins), formant une couche grisâtre à la surface. L'eau de mer, de plus en plus concentrée en sel, finit par arriver à saturation : elle ne peut plus dissoudre tout le sel contenu dans le bassin et ce dernier, faute de mieux, cristallise progressivement.

De cette épaisse croûte contenant de nombreuses impuretés sera extrait par raffinage notre fameux sel de cuisine.

La fleur de sel, quant à elle, tient une place à part. Produit réputé par excellence, c'est l'un des plus chers de sa catégorie et il bénéficie, à ce titre, d'un traitement particulier. Contrairement à la récolte du sel qui s'effectue une fois par an à l'aide de machines, lorsque les marais salants sont asséchés, la fleur de sel est prélevée manuellement et quotidiennement à la surface des bassins. Elle est ensuite égouttée et séchée au soleil durant un an.

Faites-le à la maison

Pour savoir si une eau est très riche en ions, il suffit d'en verser dans un verre, et de placer le tout sur un radiateur. Lorsque toute l'eau sera évaporée, il ne restera dans le verre que le résidu à sec, soit les sels minéraux qui étaient contenus dans l'eau prélevée. Vous pouvez refaire la même opération avec plusieurs eaux (source, minérale, robinet) et les comparer entre elles.

Des bonbons qui pétillent

Quelle étrange sensation que de sentir un bonbon pétiller sur la langue... Nous ne parlons pas ici des bonbons qui piquent ! Non ! Non ! Mais de ces surprenants bonbons qui, lorsque vous les posez sur votre langue, se mettent à pétiller, comme de l'eau gazeuse, pendant quelques instants.

En réalité, ses bonbons contiennent un acide, l'acide citrique, et une base, le bicarbonate de sodium. Entre ces deux substances chimiques une réaction acido-basique peut se produire. Il en résulte la formation d'un gaz, le dioxyde de carbone, gaz que vous retrouvez dans les boissons pétillantes, sodas ou eaux minérales. C'est également ce gaz qui se forme lorsque vous utilisez de la levure chimique. Le bicarbonate de sodium et l'acide citrique sont donc les réactifs de cette transformation : ils réagissent chimiquement ensemble pour former une nouvelle substance gazeuse, le dioxyde de carbone.

Pour observer cette transformation chimique, rien de plus simple : placez dans un bol une bonne cuillère de bicarbonate de soude, que l'on trouve habituellement dans toutes les pharmacies, et versez par-dessus un acide comme le vinaigre ou le jus de citron. Vous observerez alors des bulles de gaz : c'est le dioxyde de carbone. Au bout de quelques instants l'effervescence s'arrête. Cette réaction chimique consomme le bicarbonate de sodium et l'acide citrique : lorsque l'un des deux réactifs vient à manquer la transformation chimique ne peut plus avoir lieu... il n'y a plus de formation de dioxyde de carbone.

Le réactif qui vient à manquer en premier et marque l'arrêt de la transformation chimique est appelé réactif limitant. Lorsque le chimiste fait parfaitement son travail, il introduit les réactifs dans des quantités telles qu'ils « s'épuisent » tous en même temps : aucun d'eux ne vient à manquer en premier. On dit alors que l'on travaille dans des conditions stœchiométriques et la notion de réactif limitant n'existe plus !

Afin que cette réaction chimique du bonbon qui pique se produise, il est essentiel que les produits soient dissouts dans un liquide. Dans le cas de notre bonbon, c'est la salive qui joue ce rôle : l'acide citrique et le bicarbonate de soude, incorporés dans le bonbon sous forme de poudre lors de sa fabrication, se dissolvent dans la salive et réagissent ensemble. Bien évidemment, lorsque l'un des deux réactifs vient à manquer, ou bien même les deux, la réaction s'arrête et le bonbon ne pétille plus...

Faites-le à la maison

De la chimie dans les cookies

Faire des cookies, c'est réaliser une série de transformations chimiques. La recette, ou le protocole opératoire, est pourtant simple.

Vous aurez besoin de :

- 100 grammes de beurre ;
- 100 grammes de farine ;
- 75 grammes de sucre ;
- Levure chimique ;
- Un œuf entier ;
- Sucre vanillé ou extrait de vanille.

La recette

Faites ramollir le beurre et mélangez-le bien au sucre en poudre. La préparation doit doucement devenir blanchâtre. Ajoutez ensuite un œuf entier. Le mélange va alors devenir plus épais. Ceci est dû aux corps gras contenus dans l'œuf. Ces molécules sont des tensioactifs ! Elles vont donc réunir le gras apporté par le beurre et l'eau apportée en grande partie par l'œuf.

Pour le goût, vous pouvez ensuite ajouter du sucre vanillé ou de l'extrait de vanille.

Pour réussir la pâte à cookies, il faut surtout bien mélanger afin que le tout soit uniforme ou homogène, c'est-à-dire que la composition de la pâte soit identique en tout point.

Vient alors l'ajout de farine et de levure chimique. Mais attention, le dosage doit être bien étudié car trop de levure chimique risque de ne pas totalement réagir et s'il reste des petits paquets de levure non hydraté dans un recoin de la pâte, il se peut que certains cookies soient des gâteaux pétillants !

C'est pour cette raison que l'on mélange parfaitement la farine et la levure chimique en tamisant le tout. Mais revenons au dosage. Sur un paquet de levure chimique est indiquée l'information suivante : « un sachet pour 500 grammes de farine ». Dans notre cas, il faudra moins d'un cinquième de paquet, soit à peu près une cuillère à café bien remplie.

Incorporez maintenant la farine agrémentée de la levure au mélange préparé précédemment. À nouveau, le tout doit être bien homogénéisé. La levure hydratée par l'eau contenue dans le mélange va alors pouvoir entrer en action !

La cuisson

Sur une plaque antiadhésive, déposez de petits tas de pâte assez espacés car, lors du chauffage, la viscosité du mélange va diminuer et le tout va « couler ».

Chaque fournée devra cuire une dizaine de minutes à 180 °C. Lorsque les cookies seront dorés, il sera grand temps de les sortir du four.

Mais revenons à l'aspect chimique de la chose. Si l'on mange les gâteaux au sortir du four, ils seront tout mous alors que si on patiente un peu, ils seront fermes et croquants. Cela vient du fait qu'une grande partie de l'eau contenue dans la pâte se vaporise lors de la cuisson. Les cookies sont donc encore plein de vapeur d'eau dès la cuisson terminée. Attendre un peu permet de sécher le gâteau par évacuation de la vapeur d'eau. La chimie permet encore d'expliquer la couleur particulière de la surface du cookie. Il est doré. En effet, les bulles formées par la levure chimique vont rendre la pâte poreuse et vont permettre aux protéines (composées d'acides aminés) et au sucre de remonter à la surface. Ces composés vont réagir ensemble pour former un dépôt brun selon des réactions chimiques dites de Maillard.

Et le chocolat dans tout ça ? Et bien, ajoutons quelques pépites à la recette et le tour sera joué !

4

La chimie dans la salle de bain

De nos jours, rien de plus naturel que de saisir une savonnette ou un flacon de savon liquide pour se laver les mains. Mais d'où vient donc ce produit indispensable et pourtant si commun au point qu'on ne le remarque même plus sur le rebord du lavabo ?

Oups !

En France, on fabrique chaque année plus de 130 000 tonnes de savon... Énorme ? Pas tant que ça... le savon ne représente que 10 % de la production de détergents solides et liquides qui atteint 1,3 million de tonnes !

Le savon, un produit millénaire

Le savon, tant dans sa fabrication que dans ses usages, est connu depuis bien des siècles. D'anciens écrits trouvés en Égypte et au Moyen-Orient tendent à prouver que le savon est né aux environs de 4500 av. J.-C. C'est un peu plus tard que la fabrication du savon, à partir d'huiles végétales et de soude, laisse sa trace dans l'histoire, avec le savon d'Alep, préparé à partir d'huile d'olive.

Les bienfaits du savon ont par la suite traversé la Méditerranée pour se développer dans la ville de Massalia qui portera ensuite le nom de Marseille. L'engouement pour le savon fut tel que certaines régions de la Gaule ne disposant pas d'oliviers se mirent à le fabriquer à partir de graisses animales.

Quoi qu'il en soit, la fabrication du savon met en jeu deux réactifs : une huile, ou tout du moins un corps gras, et une substance basique telle que la soude ou la potasse.

La saponification...

La transformation chimique qui permet de produire du savon se nomme la saponification. Elle consiste en une réaction lente des ions hydroxyde « OH^- » (substance basique) sur les molécules du corps gras. Ces deux substances sont les réactifs. Il se forme alors deux produits : le savon et un alcool.

Le corps gras mis en jeu est un ester très particulier : ce n'est pas un ester simple, mais un triester, ou triple ester, car sa molécule est constituée de trois longues chaînes identiques rattachées ensemble. Cette molécule appartient à la famille des triglycérides (ou triester de glycérol), qui sont les corps gras que l'on trouve dans les huiles végétales (olivier, amande, palme, avocat...).

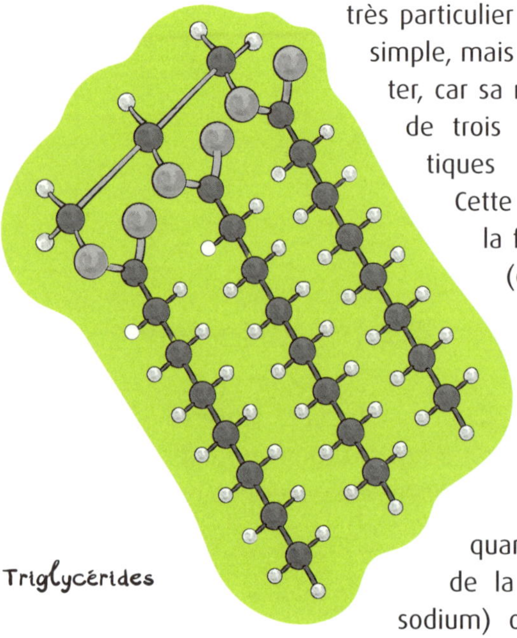
Triglycérides

Les ions hydroxydes, quant à eux, proviennent de la soude (hydroxyde de sodium) ou de la potasse (hydroxyde de potassium), qui sont des bases au sens chimique du terme. De formules respectives $NaOH$ et KOH, il est possible d'obtenir ces espèces chimiques par calcination de végétaux et récupération de la cendre.

Une transformation lente et complexe

Les ions hydroxydes sont des espèces chimiques chargées qui sont très à l'aise dans l'eau. Au contraire, le triglycéride ne comporte pas de charge électrique et est très peu soluble dans l'eau.

Ces deux substances ne se mélangent pas. Tout comme l'huile et l'eau, on observe une superposition des deux couches liquides. On dit alors que l'on a deux phases différentes.

On imagine alors très bien pourquoi la réaction est lente : pour qu'une transformation chimique ait lieu, il faut que les réactifs se rencontrent. Ils subissent alors des chocs efficaces, au même titre que deux voitures qui roulent en sens inverse sur une route. Si elles se croisent, tout se passe bien et aucune transformation n'a lieu. Si elles se percutent, il y a un choc efficace et les voitures sont alors transformées, ou déformées... En chimie aussi, il faut qu'il y ait des chocs efficaces entre les différents réactifs.

Or, dans le cas de la saponification, les réactifs sont dans des liquides qui ne se mélangent pas : ils ne se trouvent en contact qu'à l'interface des deux liquides. Les rencontres sont rares. La réaction est lente.

Surface de contact entre les deux réactifs : c'est uniquement sur cette pellicule que peut avoir lieu la saponification

Les catalyseurs d'interface

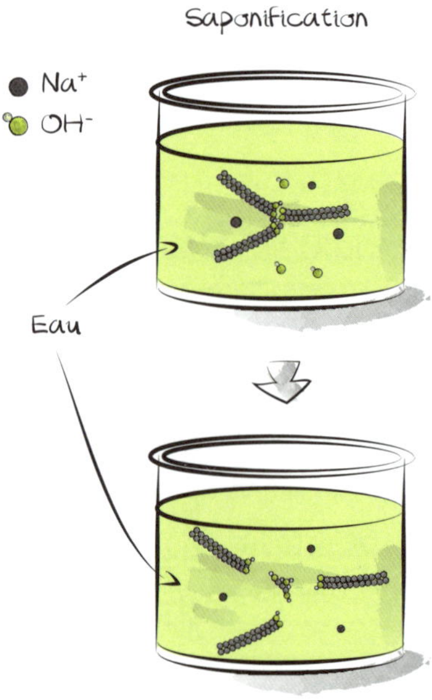

Pour pallier ce souci technique, il est possible de chauffer le mélange, d'agiter vigoureusement ou encore d'utiliser des composés qui servent de relais entre les deux liquides non miscibles. Ces composés se nomment des catalyseurs d'interface.

Le savon ainsi formé est ensuite précipité (formation d'un solide) par ajout d'eau salée au cours d'une étape nommée « relargage », puis filtré et séché.

Pourquoi le savon lave-t-il ?

Les propriétés détergentes du savon proviennent des ions carboxylates. Ces ions se composent d'une longue chaîne carbonée (ensemble d'atomes de carbone accrochés entre eux et associés à des atomes d'hydrogène en divers endroits) qui n'a aucune affinité pour l'eau et d'une tête polaire chargée qui, au contraire, apprécie beaucoup l'eau. Il s'agit encore une fois d'un tensioactif[1]. La longueur de la chaîne carbonée dépend du corps gras utilisé pour effectuer la réaction. Une huile d'olive et une huile de palme diffèrent par leur formule chimique et, entre autre, par le nombre d'atomes de carbone qui composent leur squelette : on obtiendra donc des savons de structure différente.

Dans l'eau, les molécules de savon forment des **micelles** (voir p. 69 : association de plusieurs molécules). Ce sont de petites sphères dont la partie centrale correspond au regroupement des parties hydrophobes, les têtes hydrophiles étant situées à l'extérieur des micelles, au contact de l'eau.

Lorsque l'on se frotte la peau au cours du lavage, les particules de gras qui la recouvrent se retrouvent prisonnières des micelles en raison de leur caractère hydrophobe. Lors du rinçage, ces micelles sont entraînées par l'eau et la peau est ainsi dégraissée.

1. Voir chapitre « Des molécules en cuisine », p. 51

• **1re étape** : le savon a une structure en micelles dans l'eau.

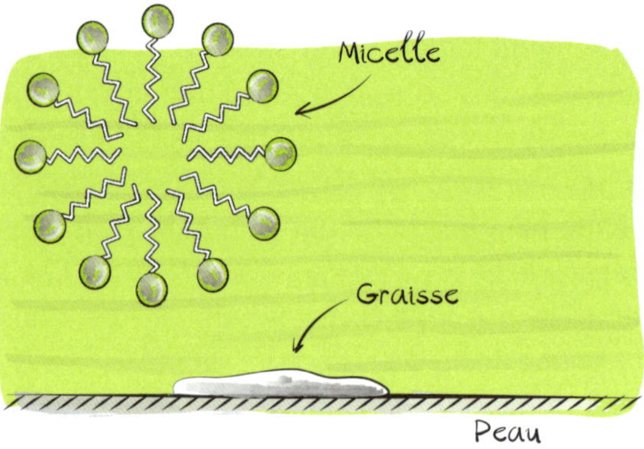

• **2e étape** : la micelle entoure la graisse par ses parties lipophiles (hydrophobes).

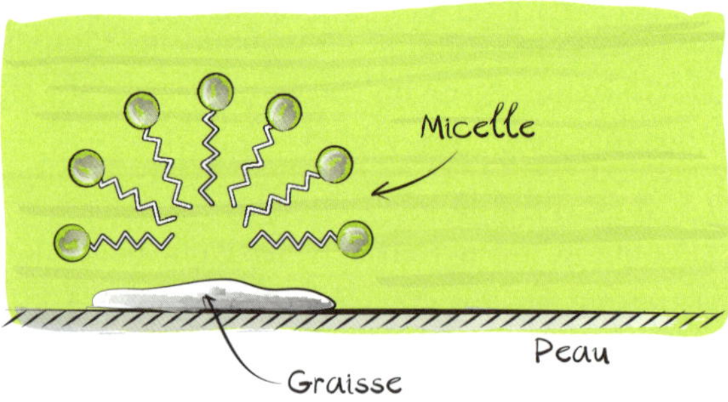

• **3e étape** : la graisse est emportée par les eaux de lavage, enfouie dans la partie lipophile du savon.

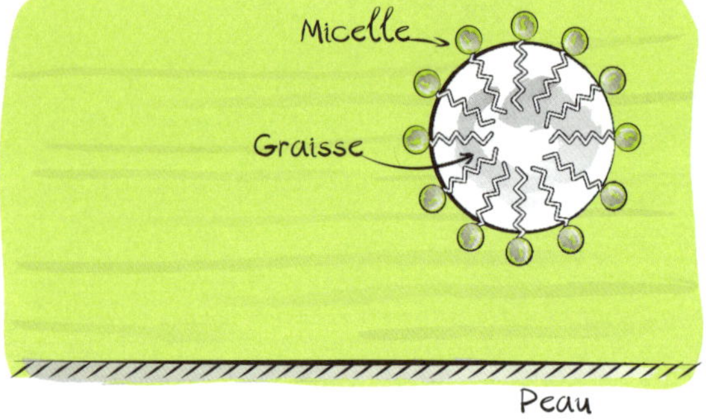

Oups !

Pourquoi le savon fait-il des bulles ?

L'existence de bulles de savon est liée aux propriétés particulières des « molécules du savon », les tensioactifs, mais pas uniquement : pour faire des bulles de savon, il faut aussi de l'air ! Lorsque de l'air est injecté dans une eau savonneuse (en agitant ou en soufflant dedans), les tensioactifs vont « planter » leur partie hydrophobe dans l'air, tandis que la partie hydrophile va rester dans l'eau. Une bulle de savon est en pratique une poche d'air entourée d'une double couche de tensioactifs au milieu de laquelle est emprisonnée une fine pellicule d'eau. La bulle éclate lorsque cette couche d'eau disparaît par évaporation ou se déplace sous l'effet de son propre poids (l'eau déserte alors le haut de la bulle qui éclate). La mousse du savon, quant à elle, est un ensemble de toutes petites bulles...

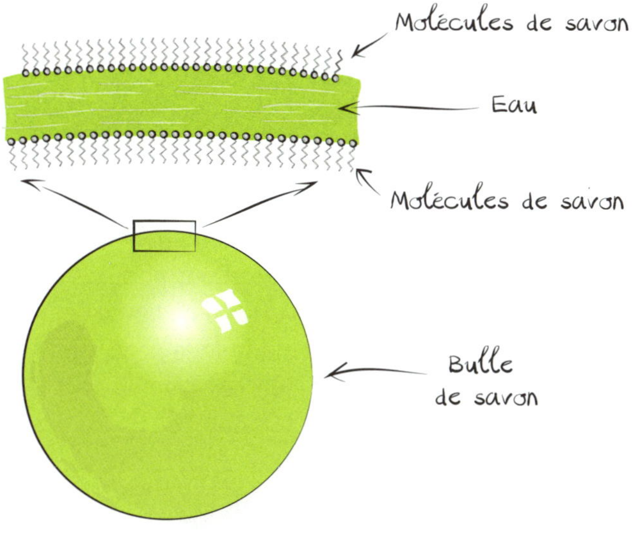

Faites-le à la maison

Mettre en évidence le caractère basique du savon

Dans un verre d'eau chaude, versez 3 cuillères à café de curry en poudre et mélangez vigoureusement quelques instants. Ajoutez à cette préparation l'équivalent de 3 cuillères à café de savon râpé (utilisez une savonnette bon marché et une râpe alimentaire !). Mélangez de nouveau l'ensemble. Le curry, qui initialement colorait la solution en jaune, vire alors au brun rouge.

Le curcuma contenu dans le curry est une substance chimique qui change de couleur en fonction de l'acidité du milieu (voir expérience p. 112). Jaune pour un pH inférieur à 10, il vire très nettement au rouge brun lorsque le pH est supérieur à 10. La coloration rouge ainsi obtenue montre que le savon utilisé pour cette expérience est basique (pH supérieur à 10) !

Cosmétiques : la crème de la chimie !

Dans certaines salles de bain, il n'est pas rare de trouver des armoires remplies de pots contenant des crèmes de tout genre. Ces préparations plus ou moins sophistiquées ont pour vertus d'hydrater, de protéger, d'apaiser, de retarder le vieillissement de la peau, et même de faire bronzer ! Mais savez-vous que ces crèmes sont de vrais concentrés de chimie ?

Sous le soleil exactement

Les crèmes dites solaires sont de plus en plus employées. Nous sommes aujourd'hui très avertis des dangers du soleil et de ses fameux « coups de soleil ».

Oups!

Miroir, mon beau miroir ...

Depuis maintenant plusieurs années, les crèmes antirides et autres lotions ont fait leur apparition sur le marché des cosmétiques. Et pas une journée ne passe sans que magazines et publicités diverses nous promettent un nouvel ingrédient miracle destiné à effacer de nos peaux les marques du temps.

En pratique, les rides au même titre que les petites taches sombres qui mouchettent mains et visages sont liées au vieillissement de la peau. Ces deux phénomènes sont dus au mauvais fonctionnement des différentes cellules qui composent les différentes couches de la peau. Lorsque la peau vieillit, elle devient moins élastique au niveau des couches inférieures de l'épiderme. Des rides apparaissent alors, formant des sillons au niveau de la peau, comme la paroi d'un ballon de baudruche non tendu se flétrit.

Pour limiter cet effet peu esthétique, la solution radicale consiste à retendre le tout. Rien de chimique là-dedans car on est alors dans le domaine de la chirurgie esthétique. Une autre solution consiste à limiter le vieillissement de la peau. Et là, la chimie des cosmétiques fait son entrée. Les cellules de la peau vieillissent sous l'effet de la lumière solaire. Des réactions photos-induites (provoquées par les radiations lumineuses) engendrent la formation de radicaux libres, espèces chimiques très réactives qui peuvent dénaturer d'autres molécules par réactions en chaines. Pour éviter cette déstructuration à grande échelle, on piège ces radicaux en les mettant en contact avec des molécules aromatique (au sens chimiques) que sont les vitamines A (rétinol), E .... L'enjeu est alors de stabiliser ces vitamines (très réactives) dans des crèmes.

Comme nous le savons déjà, la lumière produite par le soleil contient un grand nombre de radiations lumineuses plus ou moins énergétiques. Cette lumière, qualifiée de blanche par les scientifiques, est composée de radiations colorées (la partie visible de la lumière) ainsi que de rayonnements ultraviolets (les UV) et infrarouges (IR) qui, eux, sont invisibles à l'œil nu.

En arrivant sur la peau ou sur un objet, une partie de la lumière visible et des IR se transforment en chaleur. Il s'ensuit une sensation d'échauffement, sensation que nous ressentons tous lorsque nous mettons notre visage au Soleil. Il existe d'ailleurs dans certaines salles de bain des chauffages d'appoint conçus sur ce principe. Destinés à réchauffer rapidement l'atmosphère de la pièce, ils sont constitués d'une ou plusieurs lampes spéciales qui émettent des rayonnements infrarouges.

Les rayonnements UV font, quant à eux, brunir la peau lors d'une exposition prolongée au soleil. Ils se décomposent en deux principales familles : les UVA et les UVB. Les UVB, très énergétiques, pénètrent profondément dans la peau et peuvent attendre les couches profondes de la peau contrairement aux UVA, moins énergétiques, qui n'atteignent que la couche supérieure de la peau (épiderme). En réponse à ces intrusions, la peau se protège en fabriquant des macromolécules (la mélanine) de couleur sombre. Ces molécules bien particulières sont capables d'arrêter les rayonnements UV. Bronzer consiste en fait à mettre en place toute une stratégie de défense contre les agressions du soleil. Toutefois, la quantité de mélanine produite diffère selon notre type de peau. Les peaux « claires » produisent peu de mélanine et la peau non protégée « brûle » et devient rouge : c'est le coup de soleil. Ce coup de soleil, conséquence visible et superficielle, peut cacher des effets néfastes en profondeur. En effet, les rayonnements énergétiques qui pénètrent en profondeur les différentes couches de la peau peuvent engendrer des dysfonctionnements cellulaires... menant à des mélanomes.

Les crèmes solaires à la loupe

Des crèmes ont été mises au point pour protéger, en surface, la peau des effets du soleil. Les chimistes, en partenariat avec des biologistes, se sont inspirés de la nature : à l'image de la mélanine, rien de tel qu'un filtre pour bloquer les rayonnements solaires ! Ainsi, naquirent les crèmes capables d'absorber les UVA et/ou UVB.

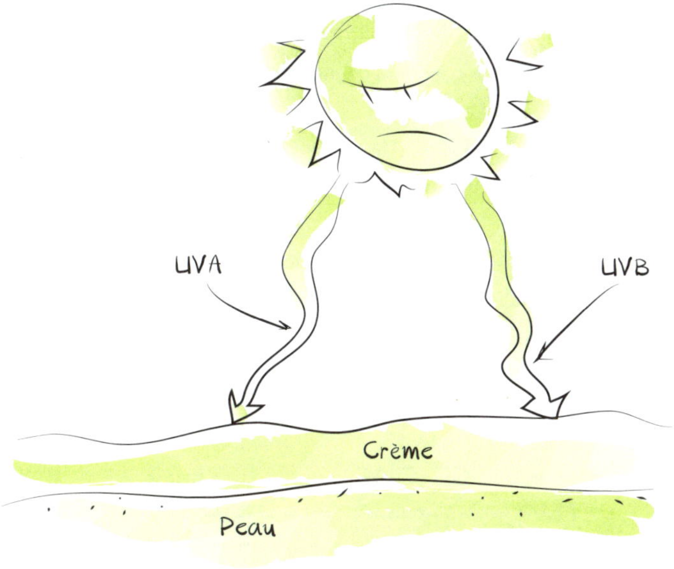

Les crèmes étaient au départ fabriquées à base de corps gras. Au début du XXe siècle, elles furent remplacées par des émulsions (gouttes d'huiles en suspension dans de l'eau), à l'initiative de la marque « Nivea® ». Ces émulsions, que l'on appelle souvent « lait », permettent de ne pas se tartiner de gras les bras ou les jambes... et donc de ne pas être tout collant ! En pratique, on sera plus généreux avec une crème non grasse qu'avec une crème grasse, et donc la quantité de produit filtrant déposée sur la peau sera plus importante.

Oups !

L'indice solaire

L'indice de protection d'une crème solaire (ou IP) renseigne sur le pouvoir protecteur du produit contre les coups de soleil. Il a la même signification dans tous les pays européens et est établi lors de tests normalisés : il s'agit de comparer la réaction de la peau lors d'une exposition au soleil avec et sans crème solaire. Une crème d'indice IP15 signifie qu'il faut environ 150 minutes pour obtenir un coup de soleil, lorsque la crème est appliquée en quantité suffisante. Néanmoins, certains types de peau sont beaucoup plus sensibles au soleil que d'autres et l'indice de protection solaire ne fournit qu'une information partielle sur la protection contre les UV. Il permet cependant au consommateur de choisir un produit adapté à l'utilisation qu'il souhaite en faire et à son type de peau.

Mais comment filtrer ou limiter les UVA et UVB solaires ? Deux stratégies sont envisageables. Certaines crèmes contiennent des molécules (l'oxybenzone, par exemple) capables d'absorber les ultraviolets, sur le même principe que la mélanine. D'autres crèmes contiennent des nanoparticules (particules dont la taille est de l'ordre du milliardième de mètre) qui vont diffuser et réfléchir les rayonnements UV. Ainsi détournés, ces derniers ne peuvent pas atteindre la peau. On utilise assez couramment des boucliers constitués de nanoparticules d'oxyde de zinc et de dioxyde de titane.

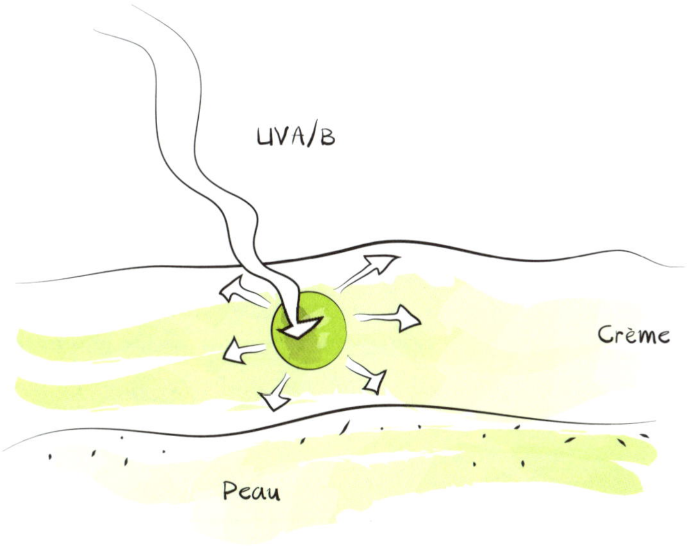

Quant à savoir s'il faut remettre souvent de la crème solaire… tout dépend de la vitesse à laquelle la crème va être ôtée de la peau. La transpiration et les bains à répétition vont avoir raison de son effet !

Quand brunir rime avec rôtir…

Finissons à présent le palmarès des crèmes en nous intéressant aux crèmes autobronzantes dont le rôle est de déposer un léger hâle sur la peau. Mettons de côté les crèmes qui contiennent un fond de teint et dont l'application colore la surface de la peau, mais qui sous la douche ou lors du démaquillage perdent totalement leur effet. Lorsqu'on applique un autobronzant, la coloration n'apparaît pas instantanément mais dure plusieurs jours. On a affaire à une réaction chimique assez lente qui a lieu entre le produit appliqué et les couches superficielles de la peau. La réaction du brunissement ressemble étrangement à ce qui se passe à la surface d'un gâteau lors de sa cuisson au four. Mais pas d'inquiétude, dans le cas de la crème, pas question de cuire la peau…

En cuisine, les réactions de brunissage nommées « réactions de Maillard » (voir p. 78) sont des transformations chimiques qui ont lieu entre les protéines contenues dans les aliments et les sucres. Ces réactions de coloration sont très rapides à haute température, mais ont aussi lieu à température ambiante.

C'est totalement par hasard que le chimiste français, Louis-Camille Maillard, découvrit que des substances protéiques (constituées d'acides aminés) brunissaient à température élevée et en présence de sucres. Il publie cette découverte en 1911 dans une communication « L'action des sucres sur les acides aminés ». Pourtant, il meurt dans l'anonymat le plus complet en 1936 sans avoir achevé ses travaux sur les protéines et sans connaître les différents domaines dans lesquels sa découverte sera déclinée : cuisine, lutte contre le diabète, vieillissement ou encore pétrole…

La substance active essentielle des autobronzants est en fait un sucre naturel issu de l'écorce de châtaignier ou bien obtenu par transformation du glycérol de la betterave ou du colza : la dihydroxyacétone (DHA) aussi connue sous le nom de glycérone. Ce sucre va réagir avec la kératine, protéine fibreuse située au niveau de la couche cornée de la peau. Comme en cuisine, une coloration brune va lentement apparaître conférant un hâle à la peau.

Mais contrairement au bronzage naturel qui dure longtemps, la coloration « chimique » de la peau est localisée dans la couche superficielle du derme. Cette zone composée de cellules mortes est quotidiennement exfoliée suite aux lavages et frottements avec les vêtements. Il en résulte que le produit étalé va rapidement être évacué : les zones de la peau rendues brunes grâce à l'effet de l'autobronzant vont retrouver leur couleur d'origine. L'effet d'un autobronzant ne dure en réalité que quelques jours...

Laver plus blanc que blanc...

Combien de fois par semaine doit-on lancer ou faire tourner une machine ? Et ce cycle infini de salissures et de nettoyage de se reproduire encore et encore. Cela ne serait pas possible sans les fameuses lessives qui rivalisent d'efficacité à haute ou basse température, et qui promettent de laver plus blanc que blanc ou de rendre les tissus plus doux et souples.

L'histoire de la lessive n'est pas récente et un grand nombre d'industriels chimistes ont compris l'enjeu que représentait ce produit miracle. Nous avons en mémoire l'image des lavandières au bord des lavoirs qui frottaient le linge avec de la cendre[1] ou du savon de Marseille. Ces deux composés basiques étaient déjà bien connus pour enlever les taches de gras.

1. Voir « Le savon un produit millénaire », p. 79

Depuis cette époque, les choses n'ont en fait pas beaucoup changé. Le principe du lavage est globalement resté le même, mais les scientifiques, qui se sont penchés sur la question, ont réussi à percer le mystère des lavandières qui remuaient et battaient inlassablement le linge. Comme nous l'avons vu (voir p. 81), les agents lavants tels que le savon sont constitués de molécules qui, à la fois, aiment et détestent l'eau. Ces tensioactifs (voir p. 84) viennent planter une partie de leur corps dans une zone graisseuse formant ainsi les micelles, tout comme lors de la toilette : la tache de gras est alors recouverte d'un tapis de molécules tensioactives et peut être entraînée avec l'eau de rinçage. Les mouvements du tambour de la machine ou le tapage manuel du linge (repensons à nos aïeux) provoquent ainsi les courants nécessaires pour entraîner les micelles et extraire les taches. On nomme ce mécanisme le « rolling-up ».

Aujourd'hui, les travaux des scientifiques ont permis d'améliorer considérablement l'efficacité des lessives, qui n'ont plus rien à voir avec une simple savonnette. Les tensioactifs sont désormais choisis avec soin, voire inventés, pour cibler des taches de natures différentes. Les industriels étudient donc les corps gras présents dans les aliments, sources de taches, pour y tester toutes sortes de tensioactifs. Les habitudes alimentaires évoluant avec le temps, on peut très bien imaginer que les lessives des siècles prochains n'auront plus rien à voir avec celles que nous utilisons aujourd'hui !

Le grand ennemi des tensioactifs, celui qui inhibe leur action lavante, provient des ions que l'on trouve dans l'eau de lavage. On parle généralement de la dureté de l'eau. Une eau dite « dure » contient de grandes quantités d'ions comme le calcium et le magnésium. Ces ions vont interagir avec les têtes électriquement chargées des tensioactifs. Une fois neutralisés, ces derniers perdent une partie de leurs propriétés bicéphales (hydrophile et hydrophobe) et la lessive lave moins bien.

La stratégie envisagée a longtemps été de mettre dans les lessives des agents complexants ou précipitants destinés à piéger ces ions trouble-fête. L'un des plus utilisé était l'EDTA, acide éthylène diamine tétra acétique. Toxique, ce composé très efficace est de plus en plus remplacé par des polymères ou par d'autres composés comme la zéolithe (minéral microporeux naturel).

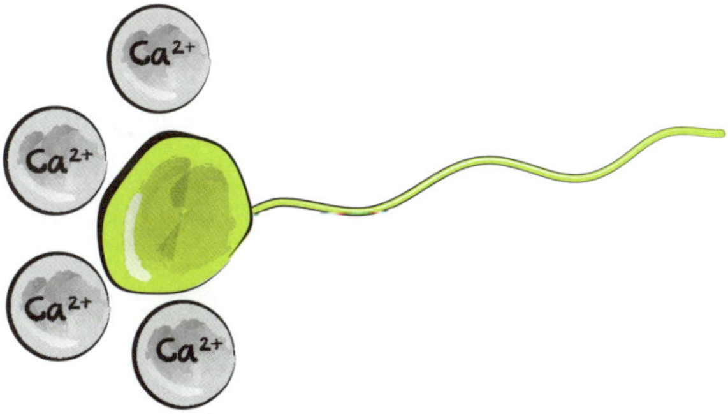

Faites-le à la maison

Évaluer la dureté d'une eau

Lors de son passage dans le sol, l'eau du robinet comme les eaux de source ou minérales se chargent en ions. Plus une eau est dure, plus elle contient d'ions de type calcium ou magnésium.

Pour tester la plus ou moins grande dureté d'une eau, placez dans un tube à essai ou dans un petit verre à col haut quelques centimètres d'eau ainsi que quelques gouttes de savon liquide. Bouchez et agitez. Plus la mousse en surface sera épaisse, et moins l'eau sera dure. Comme pour les lessives, la propriété moussante du savon (la formation de petites bulles) est inhibée par la présence d'ions chargés positivement. Une eau très dure ne « mousse » pas ! On peut ainsi comparer l'eau du robinet avec des eaux faiblement minéralisées vendues en bouteilles.

D'autres composés biologiques sont maintenant utilisés pour dégrader les taches sans pour autant détériorer le tissu. Une grande marque de lessive avait lancé en 1969 le concept d'enzymes gloutons, petites boules à grandes dents dont le rôle était de dégrader les taches *via* des réactions biologiques.

Après l'échec de ce produit (les ménagères ayant eu peur que leur linge ne soit mangé !), les industriels chimistes ont attendu plusieurs années avant de réintroduire dans leurs lessives des enzymes. Ces enzymes du nom de lipase, protéase, amylase ou cellulase assurent plusieurs rôles, dont le principal est de s'attaquer aux salissures d'origines biologiques. Ils permettent aussi de faire disparaître les fibrilles de coton qui apparaissent dans les textiles lors de leur vieillissement. Par action biologique, ces enzymes vont dégrader ces fibres superflues responsables des bouloches qui donnent un aspect vieillissant aux pulls par exemple. Comme tout être vivant, les enzymes doivent travailler à une température adéquate afin que le rendement de leurs réactions biochimiques soit maximum.

Hormis les taches, le linge clair a tendance à ternir ou à jaunir au cours du temps. Cette coloration peu agréable provient soit du vieillissement des fibres, soit de certains linges qui déteignent doucement mais continuellement sur les autres vêtements lors des lavages. Une méthode longtemps employée était de laver le blanc avec de l'eau de Javel. Ce composé chimique contient des ions hypochlorite qui sont des oxydants très puissants. Les composés chimiques dits « oxydants » ont la particularité de pouvoir couper les molécules responsables des couleurs. En cassant ces molécules, l'eau de Javel ne les fait pas disparaître mais les rend tout simplement incolores. Ainsi, lorsqu'on « détache » un vêtement en appliquant de l'eau de Javel, on ne supprime pas la tache mais on la rend invisible… certains parlent alors de tache propre !

Faites-le à la maison

De l'eau de Javel dans le thé

Faites infuser un sachet de thé noir dans une tasse. Lorsque le tout est bien refroidi, versez dans la tasse quelques gouttes d'eau de Javel, ou à défaut d'un produit ménager contenant de la Javel. Après quelques instants, on remarque que la solution commence à perdre sa coloration, jusqu'à devenir parfaitement incolore... Voici illustrée la propriété décolorante de l'eau de Javel ! Bien évidemment, il n'est pas question de boire le thé après...

Très efficaces, ces solutions ne s'attaquent pas qu'aux taches colorées. Elles décolorent les tissus et, à la longue, ont tendance à dégrader les fibres. Ont alors été testées les lessives à base de précurseurs d'eau oxygénée (qui possède un pouvoir oxydant et donc décolorant comme sur les cheveux par exemple). Actuellement, c'est le percarbonate de sodium qui est utilisé car il libère de l'eau oxygénée au cours du lavage.

Un autre angle d'attaque réside dans la mise au point d'azurants optiques. Il y a bien longtemps, des teinturiers se sont rendus compte qu'il était possible de supprimer l'aspect jaunâtre du tissu en teintant très légèrement l'étoffe en bleu. On peut expliquer ce phénomène en constatant que le linge jaune absorbe la partie bleue de la lumière blanche (provenant du soleil et contenant toutes les radiations colorées). Il suffisait donc de restituer cette « partie bleue » pour rendre au linge un aspect blanc... gris clair tout du moins.

Actuellement, les azurants optiques se développent : ce sont des molécules fluorescentes incolores qui se déposent sur le linge. Elles captent une partie de la lumière solaire du domaine des ultraviolets (UV) pour réémettre une lumière de longueur d'onde correspondant au bleu. Ainsi, on ne colore ou décolore pas le tissu mais on y ajoute de la lumière... Histoire de laver plus blanc que blanc...

Oups!

En toute sécurité...

Qu'elles soient d'origine naturelle ou de synthèse, la plupart des substances chimiques ne sont pas sans dangers pour l'homme ou pour l'environnement. Informer sur les risques encourus lors de leur utilisation est donc une nécessité. C'est à la fois la première étape vers une consommation raisonnée de certains produits, visant ainsi la préservation de l'environnement, et un moyen de prévention pour éviter les accidents domestiques. A cet effet, les scientifiques utilisent de petits symboles : les pictogrammes de sécurité.
N'hésitez pas à consulter les étiquettes de vos produits d'entretien en les ayant en tête ... La surprise est de taille : notre maison regorge de produits dangereux que nous utilisons quotidiennement.

Les pictogrammes de sécurité

J'explose

Je flambe

Je fais flamber

Je suis sous pression

Je ronge

Je tue

Je nuis gravement à la santé

J'altère la santé ou la couche d'ozone

Je pollue

L'aspirine ou la petite histoire d'un grand médicament

Prendre une aspirine dès les premiers signes d'un mal de tête ? Facile : effervescente, à dissoudre, ou à croquer... une multitude de possibilités s'offre à vous... mais toutes ces formes sont-elles équivalentes ? Ont-elles toutes le même objectif médical ?

Des Sumériens au XIXe siècle

Tout a commencé il y a plusieurs milliers d'années lorsque les onguents et autres décoctions de plantes naturelles étaient utilisés pour soigner. Les Sumériens utilisaient alors des feuilles de saule pour soulager leurs douleurs. Vers l'an 400 av. J.-C., Hippocrate, médecin grec considéré comme le fondateur de la médecine moderne, prescrivait une préparation à base d'écorces de saule blanc.

L'utilisation des feuilles et écorces de saule pour soulager fièvre et douleur perdure jusqu'au XIXe siècle, lorsque les progrès de la chimie en matière d'extraction et d'analyse permirent d'isoler et d'identifier un principe actif, la salicine. La salicine s'est ensuite transformée en acide salicylique, substance tout aussi efficace, dont il était possible de faire la synthèse en laboratoire. De nombreux dérivés de cette molécule sont alors utilisés comme remède contre la fièvre.

La découverte de l'aspirine comme médicament est attribuée au département de chimie de la firme allemande Bayer en 1897. Félix Hoffman eut alors l'idée de remplacer l'acide salicylique au goût amer et particulièrement irritant pour l'estomac par une nouvelle substance dont il vient de réussir la synthèse : l'acide acétylsalicylique. En 1899, la marque ASPIRIN® est déposée. L'aspirine était née !

Oups !

L'aspirine est aujourd'hui le médicament le plus consommé au monde avec plus de 40 000 tonnes par an, soit environ 80 milliards de comprimés de 500 mg.

La molécule aspirine

La molécule d'aspirine est constituée de 9 atomes de carbone, 8 atomes d'hydrogène et 4 atomes d'oxygène. Sa formule chimique est donc $C_9H_8O_4$. Intéressons-nous un instant à la structure de cette molécule : les atomes de carbone sont disposés en un cercle très particulier que les chimistes appellent cycle benzénique, sur lequel on trouve, côte à côte, deux ramifications dont l'une confère à cette molécule un caractère acide :

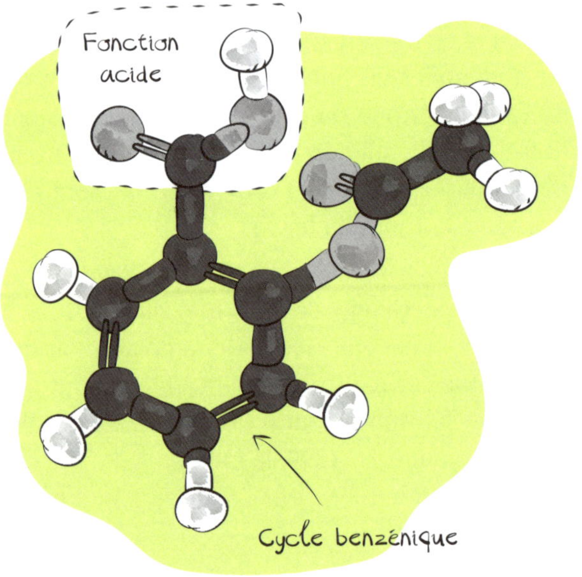

Mémo Science

Les acides et les bases

Il existe de nombreuses définitions des acides en chimie, l'une d'entre elles, énoncée par Bronsted en 1923, est la suivante : un acide est une substance chimique susceptible de libérer (perdre) un ou plusieurs ions hydrogène (H^+), que l'on appelle généralement proton. À l'inverse, une substance susceptible de capter un ou plusieurs protons est appelée base. Un acide qui a perdu un proton (H^+) devient une base car il cherche à récupérer le proton perdu... il est donc capable de capturer un proton.

Une autre définition serait de dire que, **dans l'eau, un acide est une espèce chimique susceptible de libérer des ions H^+, tandis qu'une base est une espèce chimique susceptible de former des ions OH^- (hydroxyde)**. Cette définition, certainement moins conventionnelle, permet de bien comprendre le caractère acide, basique ou neutre des solutions aqueuses. Ainsi, le caractère acide d'une solution est dû à la présence en grande quantité d'ions H^+, tandis que le caractère basique est lié à la présence majoritaire d'ions OH^-. Une solution neutre, elle, possède une très petite quantité d'ions H^+ et OH^-, de surcroît présent en quantité égale.

L'acidité ou la basicité d'une solution se mesure par un nombre appelé pH dont la valeur se situe sur une échelle allant de 0 à 14. Les solutions acides ont un pH inférieur à 7, les solutions basiques, un pH supérieur à 7 et les solutions neutres (ni acide

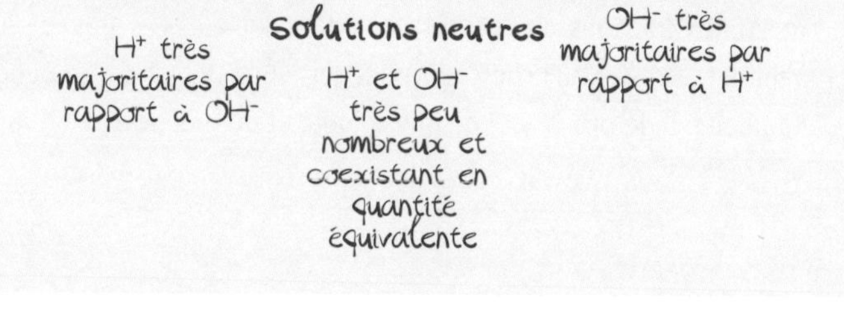

ni basique), un pH égal à 7. Plus la valeur du pH est petite, et inférieure à 7, et plus la solution est acide ; plus la valeur du pH est grande, et supérieure à 7, et plus la solution est basique.
Nous utilisons et consommons tous les jours des substances acides et basiques. Ainsi, le pH d'un jus de citron (acide citrique) est de l'ordre de 2, celui d'une boisson au cola (qui contient de l'acide phosphorique) de l'ordre de 2 et celui de l'eau de Perrier de l'ordre de 5. Toutes ces solutions sont acides. Le pH d'un déboucheur de canalisation à base de soude est de l'ordre de 13, et celui d'une lessive, de l'ordre de 10. Ces substances sont basiques.

Les grandes découvertes

En 1971, John Vane (1927-2004), chercheur et médecin anglais, montra que l'aspirine faisait baisser la fièvre en réduisant la production de prostaglandines dans l'hypothalamus, zone du cerveau régulant, entre autre, la température. Il démontra également que la diminution de la douleur était liée au blocage de la production des molécules responsables des messages transmis aux récepteurs de la douleur. Ces travaux lui valurent, ainsi qu'aux chercheurs suédois Sune Bergström et Bengt Samuelsson, le prix Nobel de physiologie et de médecine en 1982.

De la molécule au médicament

Depuis son invention en 1897, les scientifiques n'ont eu de cesse d'améliorer l'aspirine, associant la poudre d'acide acétylsalicylique à des substances chimiques pour libérer les principes actifs en fonction des effets recherchés... On parle alors de formes galéniques, en hommage à Claude Galien, père de la pharmacie (IIe siècle apr. J.-C.). Chacune de ces formes de l'aspirine est fabriquée dans un but bien précis et présente des avantages. Mais attention, ce qui peut être un avantage dans certains cas peut parfois se révéler être un inconvénient dans d'autres !

Mémo Science

Les vertus de l'aspirine

On attribue aujourd'hui quatre grandes vertus à l'aspirine :
- antalgique (diminution de la douleur) ;
- antipyrétique (diminution de la fièvre) ;
- anti-inflammatoire (diminution des quatre aspects de l'inflammation : douleur, rougeur, chaleur et gonflement) ;
- anti-agrégant plaquettaire (empêche la coagulation du sang).

Ces substances secondaires ajoutées au principe actif portent le nom d'**excipients** et sont mentionnées à la rubrique « autres composants » sur les notices des médicaments. Ils présentent la particularité d'être médicalement sans effets sur l'organisme.

Fabriquer un comprimé d'aspirine

Rien de plus simple ! Il suffit de placer de la poudre d'aspirine dans le petit trou d'une presse dont le volume a été étudié pour contenir une dose de 500 milligrammes de principe actif et, avec une presse, de presser... presser... presser... pour tasser la poudre. Sous la pression, les grains d'aspirine s'agglomèrent et il se forme un cylindre très solide, un cylindre de poudre d'aspirine compressé. Ce n'est pas pour rien que les pharmaciens parlent de... comprimé d'aspirine !

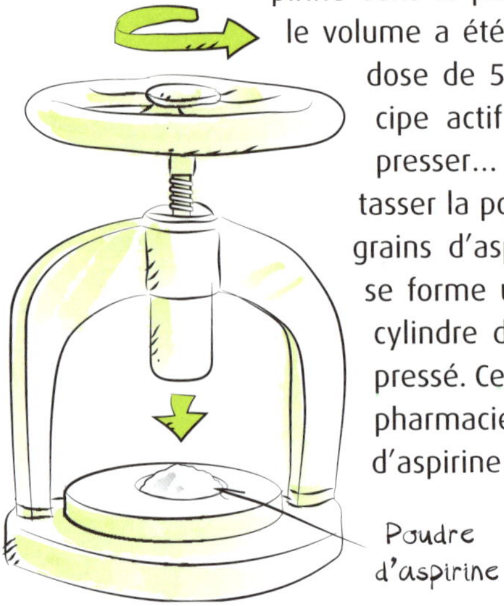

En regardant la composition de ces comprimés sur la notice, on remarque qu'ils contiennent, outre l'acide acétylsalicylique, de l'amidon qui permet au comprimé de se déliter (terme pharmaceutique pour évoquer la destruction du comprimé et la dispersion des grains de poudre) rapidement dans l'eau.

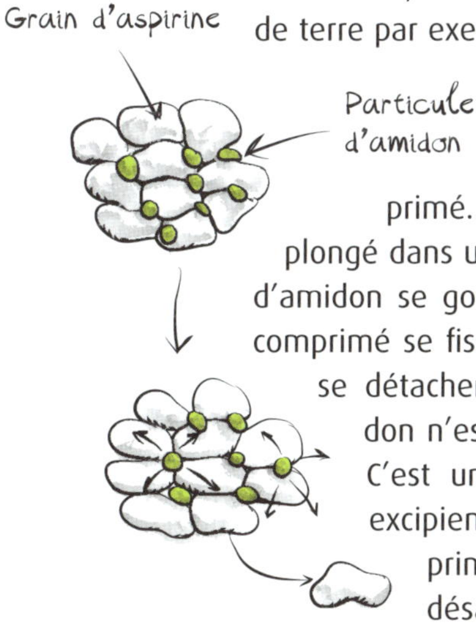

L'amidon, extrait du maïs ou de la pomme de terre par exemple, est une substance hydrophile (qui aime l'eau). Il représente 10 à 20 % de la masse totale du comprimé. Lorsque le comprimé est plongé dans un verre d'eau, les particules d'amidon se gorgent d'eau et gonflent. Le comprimé se fissure et les grains d'aspirine se détachent et se dispersent. L'amidon n'est pas une substance active. C'est une substance auxiliaire, un excipient, que l'on l'ajoute au comprimé d'aspirine pour qu'il se désagrège dans l'eau.

Mémo Science

Réglementation en vigueur

La réglementation impose d'indiquer sur les boîtes de médicament le nom et la dose de principe actif. Les autres composants entrant dans la formulation (excipients) doivent, quant à eux, figurer au choix sur la boîte ou sur la notice. Le sigle « q.s.p. », parfois encore utilisé, signifie « quantité suffisante pour une unité de médicament ».

La poudre d'aspirine ainsi dispersée dans l'eau se dissout petit à petit au cours de la digestion. Les molécules peuvent alors franchir les parois de l'estomac ou de l'intestin et atteindre le sang. L'estomac, quant à lui, risque de subir tout de même quelques dommages, les particules d'aspirine étant agressives pour sa muqueuse.

Le comprimé enrobé, ou comment protéger l'estomac !

Pour éviter le contact des grains d'aspirine avec l'estomac, l'idée fut d'enrober le comprimé. L'enrobage ainsi choisi ne se dissout pas dans les milieux acides comme celui de l'estomac ($pH < 2$) mais uniquement dans l'intestin, milieu beaucoup moins acide ($8 > pH > 6$). Cet enrobage gastro-résistant détermine donc le lieu de libération de la substance active. Dans les années soixante, on pensait ainsi avoir résolu le problème des effets secondaires !

En réalité, il fut prouvé quelques années plus tard que le principe actif revenait malgré tout sur la paroi stomacale par la voie sanguine, provoquant ainsi des dysfonctionnements de l'estomac. Il existe également d'autres formes intéressantes de l'aspirine qui, elles, sont solubles dans l'eau : le comprimé effervescent et la poudre en sachet.

Quand l'aspirine fait des bulles...

Tout comme les bonbons qui pétillent[1], le comprimé effervescent d'aspirine produit, dans l'eau, un dégagement gazeux de dioxyde de carbone. Les excipients responsables de cette effervescence sont le bicarbonate de sodium (substance basique) et l'acide citrique. La transformation chimique entre ces deux substances produit, entre autre, du dioxyde de carbone. Cette transformation chimique nécessite de l'eau, que le malade apporte en plongeant son comprimé dans un verre d'eau.

1. Voir « Des bonbons qui pétillent », p. 75

Pour conserver ce médicament il faut donc éviter tout contact avec l'eau, y compris la vapeur d'eau présente dans l'air[1]. Les tubes de comprimés effervescents contiennent à cet effet une substance avide d'eau qui assèche l'air présent dans le tube. Elle est stockée dans le bouchon, très épais.

Le dioxyde de carbone assure la dispersion des grains d'aspirine et permet leur solubilisation dans l'eau. L'aspirine est alors en solution, totalement dissoute. Le médicament est prêt à être absorbé et agira très rapidement.

Dans ce type de comprimé, les excipients représentent environ 80 % de la masse totale du cachet, d'où des comprimés beaucoup plus gros que les autres.

De la poudre à dissoudre...

Les sachets de poudre à dissoudre quant à eux obéissent à une autre règle : si l'on verse de l'eau sur la poudre elle se dissout rapidement et complètement. Mesurons alors le pH de la solution et là, surprise... la solution n'est pas acide ! En fait les sachets de poudre ne contiennent pas de l'acide acétylsalicylique, mais un sel de cet acide : l'acétylsalicylate de lysine. Contrairement à l'acide acétysalicylique, ce sel est soluble dans l'eau. En mélangeant cette poudre avec de l'eau, on obtient une solution basique contenant l'ion acétysalicylate. Totalement dissoute dans l'eau, cette substance atteint rapidement le sang et permet de soulager rapidement le malade.

1. Voir chapitre « Un jardin bien chimique », p. 135

Des microcapsules dans une gélule...

Dans les années 1990 les recherches sur l'aspirine s'orientèrent principalement autour des vertus anti-agrégant plaquettaire, c'est-à-dire qui diminuent la coagulation du sang. Cette action est spécifiquement mise à profit pour les patients dont les vaisseaux sanguins risquent de s'obstruer. Pour être efficace, il fallait trouver un moyen de libérer lentement et durablement l'aspirine dans le sang afin que ce dernier reste fluide tout au long de la journée. La forme gélule fut alors mise au point. Dans une gélule, les grains d'aspirine sont enrobés d'une pellicule poreuse, c'est-à-dire d'une pellicule pleine de petits trous au travers desquels les molécules d'aspirine s'échappent lentement. Ces microcapsules assurent ainsi la libération progressive de l'aspirine tout au long de la journée.

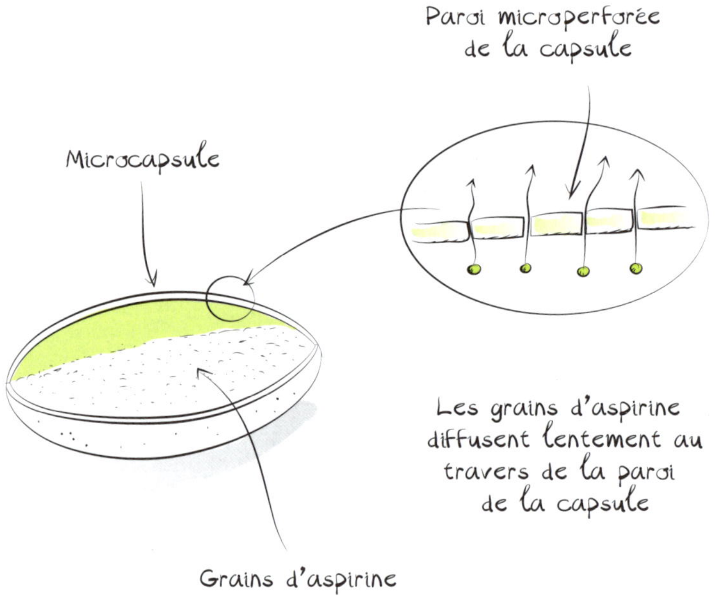

Les différentes formes galéniques

Ainsi donc à ces différentes formes correspondent finalement un seul et même principe actif (éventuellement un dérivé, sa base conjuguée). Les différents usages thérapeutiques sont uniquement liés aux excipients, substances médicalement inertes, qui permettent de contrôler la vitesse de libération de la substance active.

Formes galéniques		Temps d'absorption (variables d'un individu à l'autre)	Prescription
Simple comprimé		Libération normale dans l'organisme Environ 40 minutes	Action « normale », ne peut être utilisée pour soulager rapidement.
Comprimé enrobé		Libération retardée de l'ordre de 80 minutes	Action différée, traitement de longue durée.
Formes solubles	Comprimé effervescent	Libération rapide environ 15 à 20 minutes	Action rapide. Idéal pour soulager les maux de têtes et la fièvre.
	Sachet de poudre à dissoudre		
Gélules (contenant des microcapsules)		Libération progressive	Action prolongée antiagrégant plaquettaire : permet d'assurer la fluidité du sang pendant plusieurs heures

Ce principe s'applique à de très nombreux médicaments : les molécules thérapeutiques sont identiques mais les substances auxiliaires (excipients) diffèrent et modifient les effets sur l'organisme.

Faites-le à la maison

Acide, basique au neutre ?

De nombreuses substances naturelles possèdent la propriété de changer de couleur en fonction de l'acidité du milieu. Ainsi le thé s'éclaircit en présence de citron (acide citrique) ou encore certaines fleurs, comme les hortensias, changent de couleurs et passent du rose au bleu en fonction de l'acidité du sol. Forts de ces observations les chimistes ont mis au point, il y a de nombreuses années, des substances capables de changer de couleur selon que le milieu est acide, basique ou neutre. On les appelle des indicateurs colorés.

Le jus du chou rouge, un indicateur coloré naturel

La couleur du chou rouge est due à la présence de molécules de la famille des anthocyanes, colorants naturels présents dans de nombreux fruits rouges (fraises, mûres, cerises, myrtilles...). Ces molécules possèdent la particularité de voir leur structure varier suivant l'acidité du milieu, et donc de changer de couleur (rouge, bleue, incolore et jaune en fonction du pH environnant). Selon le pH de la solution, il est donc possible d'avoir une seule de ces structures (coloration rouge de la solution, par exemple) ou encore un mélange de plusieurs formes (on observera, par exemple, une coloration verte, mélange de la forme « bleue » et de la forme « jaune »).

Préparation de l'indicateur coloré

- Mettre à chauffer 1 litre d'eau (une eau minérale dont le pH est neutre) dans une casserole.
- Couper la moitié d'un chou rouge en plusieurs morceaux et les mettre dans l'eau. On peut utiliser un hachoir électrique pour faciliter cette opération (attention ! Demander de l'aide à un adulte).
- Lorsque l'eau arrive à ébullition, baisser le feu et maintenir chaud pendant environ 15 minutes.
- Retirer les morceaux de chou rouge, puis filtrer la solution à l'aide d'un filtre à café et d'un entonnoir.

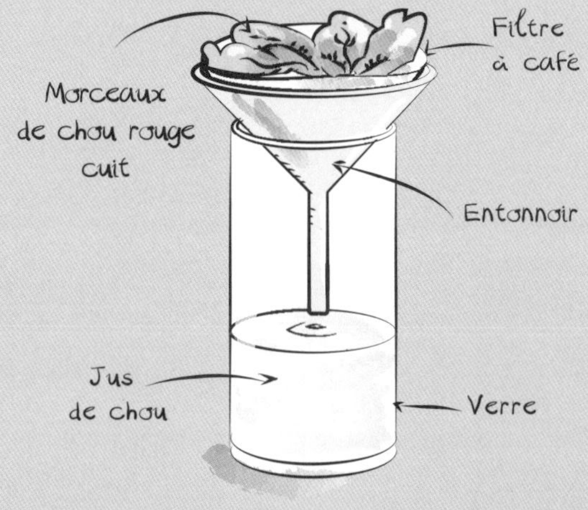

Le filtrat ainsi obtenu est un indicateur coloré. Il doit avoir une coloration violette assez intense s'il est suffisamment concentré.

Les anthocyanes présents dans le chou rouge sont solubles dans l'eau et sont donc extraits par décoction. La décoction permet une extraction des principes actifs plus complète qu'une infusion, car le liquide est maintenu en ébullition, mais ne peut s'appliquer qu'aux substances peu sensibles à la température.

Acide ?

Avant de tester les différentes solutions, nous avons besoin d'une gamme de référence, de ce que les scientifiques appellent un étalon. Il existe de nombreux documents permettant de connaître la couleur de notre indicateur coloré en fonction du pH du milieu dans lequel il se trouve. Nous retiendrons principalement que les nuances de rouge, rose et violet correspondent à un milieu acide, tandis que les nuances de bleu vert et jaune correspondent à un milieu basique.

À l'aide d'une dizaine de tubes à essai ou à défaut de petits verres, versez dans chacun d'entre eux environ 5 millilitres de jus de chou rouge, puis ajoutez, suivant les cas et observez les changements de couleur...

Tube 1	Ne rien ajouter : il s'agit du tube de référence.
Tube 2	Une ou deux gouttes de jus de citron. Agiter.
Tube 3	Une ou deux gouttes de vinaigre blanc (acide éthanoïque). Agiter.
Tube 4	Une pincée de bicarbonate de sodium (hydrogénocarbonate de sodium). Bien agiter !
Tube 5	Quelques paillettes provenant d'une pastille de lave-vaisselle, ou de la lessive en poudre. Agiter doucement.

Le jus de citron, le vinaigre blanc, le bicarbonate de soude ou les lessives sont des substances de pH très différent : les couleurs des solutions doivent donc varier du rose au jaune en passant par le bleu. N'hésitez pas à poursuivre cette expérience en utilisant d'autres produits...

5

La chimie au pied du lit

Sentira ou sentira pas ?

Même si on ne s'en rend pas toujours compte, les parfums sont très présents dans notre quotidien y compris dans la chambre. Que ce soit dans les parfums d'ambiance, les détergents, les cosmétiques, les bougies ou encore dans ce que l'on appelle couramment les eaux de toilette, nous sommes en effet constamment entourés de molécules dites « parfumées ».

Dans ce domaine, la nature n'est pas en reste. Elle a en effet très souvent recours à des molécules odorantes pour communiquer. Végétaux et animaux produisent ainsi un grand nombre de molécules qui véhiculent des messages. Rassurants ou intimidants, ces messages, qui vont de « vient me butiner » à « ceci est mon territoire » en passant par « je cherche un partenaire », sont instinctivement perçus et interprétés. Ces messagers chimiques sont des substances très volatiles, c'est-à-dire des substances qui passent très facilement à l'état de gaz et qui sont portées au gré des vents. Ils regroupent bien évidemment les molécules odorantes que nous percevons, par exemple, au détour d'un massif de roses, mais également les phéromones, une substance chimique que seuls des êtres d'une même espèce sont capables de détecter.

Naturelles ou artificielles, nous baignons donc dans un univers d'odeurs auxquelles nous réagissons.

Faites-le à la maison

« Sentir » la diffusion des molécules

Laissez quelques instants un flacon de parfum ou d'huiles essentielles ouvert dans le coin d'une pièce. Vous allez sentir en tous points de la pièce le parfum se répandre, signe que les molécules odorantes très volatiles diffusent. À l'état microscopique, les espèces gazeuses sont agitées d'incessants mouvements qui provoquent leurs collisions et leur déplacement dans toutes les directions de l'espace. Ainsi, un effluve peut être senti de très loin !

Comment ressentons-nous les odeurs ?

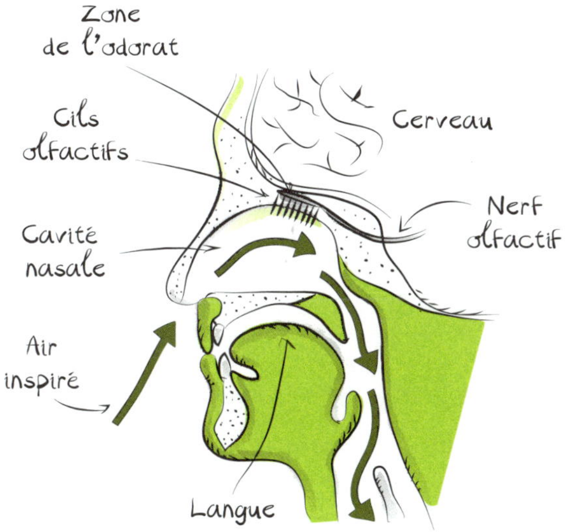

Une substance ne sera perçue comme parfumée que si elle est capable de venir solliciter des récepteurs spécifiques situés sur les cils olfactifs au sommet de notre nez, dans la cavité nasale. Dès que la molécule est détectée, une information est transmise au cerveau sous forme d'impulsion nerveuse. Il est aisé de comprendre que pour atteindre les détecteurs situés dans une zone bien spécifique de notre nez, il faut que ces molécules soient très mobiles, donc issues de substances volatiles. Pour bien comprendre ce principe de volatilité, prenons par exemple de l'alcool à brûler. Placé dans une coupelle, ce composé va facilement et rapidement changer d'état et passer à l'état de gaz. Il est alors très volatil et toute la pièce va sentir l'alcool, les molécules d'éthanol se dispersant dans tous les recoins de la pièce.

Oups !

Nous possédons environ 350 types de récepteurs olfactifs. Imaginez le nombre de molécules différentes qu'il est possible de détecter et de différencier ! De plus, les récepteurs varient d'un individu à l'autre, ce qui explique en partie qu'en matière d'odeurs nous ne sommes jamais d'accord !

D'où viennent les substances utilisées dans les parfums ?

De très nombreuses substances odorantes utilisées dans la parfumerie de luxe sont aujourd'hui encore issues de la nature. Il faut alors extraire des plantes les fameuses essences, substances huileuses très riches en molécules odorantes. Ces opérations sont coûteuses car il faut prendre soin de la matière première (les fleurs, par exemple) et lui faire subir tout une série de traitements dont l'étape principale est l'« extraction ». Cette extraction peut être réalisée par hydrodistillation, également appelée extraction à la vapeur.

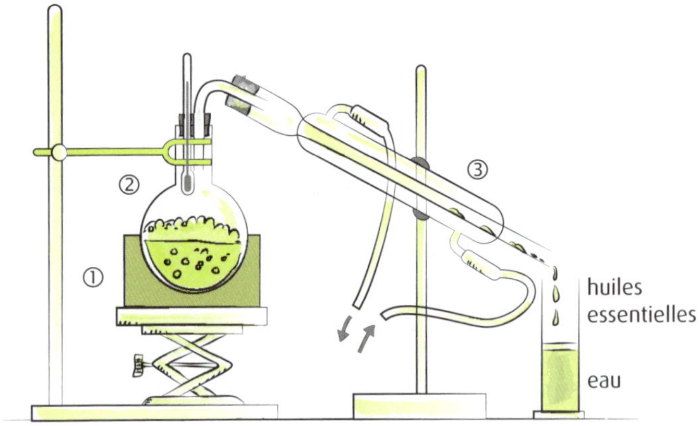

On chauffe un mélange contenant des fleurs et de l'eau (1). Sous l'effet de la chaleur, les cellules des végétaux vont éclater et libérer les essences qu'elles contiennent. Ces substances volatiles sont alors entraînées par la vapeur d'eau (2) et se séparent du reste de la plante dont elles sont issues. Le réfrigérant refroidit ensuite les vapeurs qui redeviennent liquides et coulent (3). On récupère alors non pas un liquide mais deux : en bas, un gros volume d'eau légèrement parfumée et en haut un liquide huileux, moins dense qui surnage.

C'est ce dernier liquide que l'on nomme essence ou huile essentielle. Une chance pour les chimistes, il n'est pas miscible à l'eau : la séparation des deux phases est donc aisée.

Faites-le à la maison

Extraire de l'huile essentielle d'orange

Allumez une bougie et prenez un morceau d'écorce d'orange entre deux doigts. L'écorce d'orange doit être pliée en deux, le côté extérieur en direction de la bougie. Pressez fortement la peau du fruit : de petites gouttes vont en jaillir et s'enflammer au contact de la flamme. Une forte odeur d'orange se diffuse alors.

Ces petites gouttes qui s'enflamment sont constituées des huiles essentielles contenues dans l'écorce du fruit : la pression exercée par les doigts fait éclater les cellules contenant ces molécules odorantes qui s'échappent sous forme de fines gouttelettes.

L'écorce d'orange contient en effet de l'huile essentielle qui est un mélange de différents constituants dont le principal est le limonène. De formule chimique $C_{10}H_{16}$, cette molécule est en grande partie responsable des fragrances caractéristiques des agrumes, et en particulier de l'orange. Les huiles essentielles sont des corps gras, volatils et inflammables, qui ne se mélangent pas à l'eau.

Une autre façon d'extraire les substances odorantes repose sur leur attirance pour les corps gras. Cette technique, nommée enfleurage à froid, est intéressante dans le cas de fleurs fragiles dont les molécules à extraire risquent d'être dégradées à chaud. En pratique, on étale une graisse inodore sur un support et on dispose ensuite les fleurs dont on souhaite récupérer l'essence.

Vous avez sans doute constaté que le beurre capte lui aussi les odeurs dès qu'il est placé à proximité d'une source odorante. Ce phénomène peut être tout à fait désagréable, car le morceau de beurre prend alors des arômes de camembert, de choux ou de tout autre aliment placé au réfrigérateur. Les molécules odorantes ont en effet une grande affinité chimique avec les graisses. C'est ce principe qui est utilisé dans la technique d'enfleurage.

Petit à petit, les molécules odorantes des fleurs vont se retrouver piégées dans la partie grasse. Elles seront ensuite extraites du cops gras. Cette méthode a longtemps été utilisée pour les fleurs de jasmin qui sont très sensibles à la chaleur.

Les grandes découvertes

Grasse, la ville aux mille odeurs

Souvent considérée comme la capitale mondiale de la parfumerie, la ville de Grasse (Provence) doit initialement cette réputation à ses très nombreuses tanneries. Peu avant le XVIIe siècle et le déclin du cuir, les artisans spécialisés dans le tannage devaient rivaliser d'ingéniosité pour couvrir l'odeur des peaux de bêtes qui déplaisait fortement. Jean de Galimard, tanneur réputé, eut alors l'idée de parfumer les gants en cuir. Il en offrit une paire à Catherine de Médicis. Cette innovation ne tarda pas à rencontrer un franc succès à la Cour et dans toute la haute bourgeoisie, ce qui valut aux artisans de la ville le statut de gantier-parfumeur. Avec le déclin de l'industrie du cuir au XVIIe siècle, Grasse se tourna tout naturellement vers l'industrie du parfum. De nos jours, l'activité de la parfumerie de la ville va de l'extraction des matières premières à la fabrication de concentrés. Des parfumeurs comme CHANEL, possèdent à Grasse leurs propres plantations de roses ou de jasmins.

L'enfleurage n'est quasiment plus utilisé aujourd'hui. Pour extraire l'odeur des plantes fragiles, on a recours à une astuce. Les molécules odorantes du jasmin, par exemple, ne peuvent pas être extraites avec de la vapeur d'eau car elles ne supportent pas une température si importante (environ 100 °C). Il faut donc faire appel à un autre liquide que l'eau et choisir un solvant qui bout à une température plus basse. Cette méthode est appelée « extraction au solvant volatil ».

L'un des inconvénients majeurs de toutes ces méthodes d'extraction est leur coût. Obtenir des parfums naturels revient en effet très cher : nombre d'étapes à réaliser lors du traitement, rareté de la matière première utilisée, animale ou végétale. C'est là que les chimistes interviennent ! Après avoir identifié les molécules responsables de la « bonne odeur », ils cherchent à les fabriquer (ou les synthétiser) en laboratoire à partir de substances chimiques peu coûteuses. C'est de cette façon que l'on obtient des parfums de « synthèse » que l'on trouve dans la quasi-totalité de nos produits cosmétiques. Mais attention, une huile essentielle peut contenir jusqu'à plusieurs centaines de molécules différentes alors qu'un parfum de synthèse n'en contient pas autant. Les chimistes mettent en effet au point des formulations qui imitent une odeur naturelle mais qui contiennent moins « d'ingrédients » et qui sont donc moins subtiles.

Cristaux liquides : la chimie dans tous ses états[1] !

Qui aurait parié un jour que des cristaux seraient liquides ? Bel oxymore que ce terme de cristal liquide, qui pourtant définit

1. Voir chapitre « Des molécules en cuisine », p. 65

à la perfection un état de la matière qui combine à la fois les propriétés conventionnelles d'un liquide et celles d'un solide cristallisé ! Montres digitales, écran de smartphones ou d'ordinateurs, les cristaux liquides sont partout autour de nous ! Mais que sont ces « cristaux liquides » aux propriétés remarquables qui ont envahi notre environnement ? Et comment fonctionne cette technologie ?

Comme nous l'avons vu, il est possible de définir trois états de la matière en se fondant sur l'organisation des atomes : l'état solide (ordonné), l'état liquide (désordonné) et l'état gazeux (dispersé). Malheureusement tout n'est pas aussi tranché, et cette classification simplifiée omet volontairement de décrire les nombreuses situations qui brouillent les frontières : verre, plasma, émulsions, gels, mousses, milieux granulaires ou encore cristaux liquides.

Les grandes découvertes

Du labo à l'industrie, 100 ans de gestation !

C'est en 1905 que le très réputé cristallographe Otto Lehmann (1855-1922) parvint à imposer après de nombreuses polémiques l'état de cristal liquide comme un état de la matière à part entière. Après plusieurs tentatives d'appellations : « cristaux coulants » (1889), « liquides cristallins » (1890), il s'arrêta sur l'expression « cristal liquide » au tout début du XXe siècle.

Mémo Science

Sable et sucre en poudre… solide, liquide ou gaz ?

Ces substances, qui peuvent être décrites comme des solides en petits morceaux, sont constituées de grains. Les scientifiques parlent du coup d'état granulaire. Cet état est très répandu dans la nature : sable et sucre, certes, mais également semoule, talc, ciment… Les milieux granulaires présentent des comportements qui les rendent inclassables. Le sucre sec, par exemple, n'est pas vraiment un solide. Pourtant, lorsqu'on penche légèrement le bocal, il ne se passe rien, la forme ne change pas, et il s'apparente donc assez bien à un solide. Toutefois, si on penche davantage le bocal, il se produit des éboulis à la surface, ce qui donne à sa couche supérieure un caractère presque liquide. Mais ce n'est pas non plus totalement un liquide, puisque, lorsqu'on remet le bocal sur l'étagère, la surface du sucre n'est pas horizontale.
Ces troublantes observations ont fait dire à certains scientifiques qu'il était nécessaire de définir un autre état de la matière, situé entre le solide et le liquide.

Les cristaux liquides sont aussi appelés par les scientifiques **phase mésomorphe**, ou mésophase, car ils constituent un nouvel état intermédiaire entre l'état solide et l'état liquide.

Les cristaux liquides ont été historiquement classés en deux familles, qui reposent sur l'ordre et la symétrie des arrangements moléculaires. Georges Friedel (1865-1933), cristallographe français, proposa dès les années 1920 trois grandes phases : nématique, cholestérique et smectique.

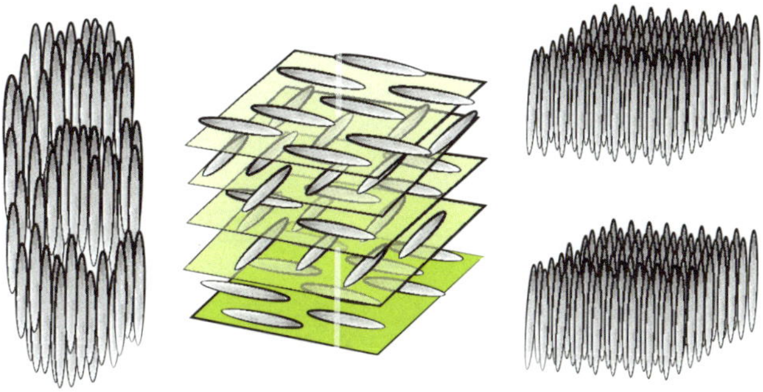

1. Nématique 2. Cholestérique 3. Smectique

1. Nématique : les molécules sont parallèles entre elles, sans autre arrangement spécifique.

2. Cholestérique : les molécules, également parallèles entre elles, sont réparties sur des plans en rotation les uns par rapport aux autres.

3. Smectique : les molécules, toujours parallèles entre elles, sont réparties en couches.

Oups!

La phase smectique doit son nom à des propriétés mécaniques proches de celles d'un film savonneux (savon se dit *smectos* en grec) tandis que la phase cholestérique doit le sien à sa découverte dans des dérivés du cholestérol.

À quoi ressemblent les molécules des cristaux liquides ?

Les molécules de cristaux liquides utilisées dans la fabrication des écrans d'ordinateur ou des téléviseurs sont toutes de type « nématique ». Obtenues par voie de synthèse et grâce à l'imagination des chimistes, ces molécules se présentent généralement sous la forme de petits bâtonnets (leur longueur est supérieure à leur largeur). Du point de vue du chimiste, ce sont des molécules organiques, c'est-à-dire à base d'atomes de carbone, qui possèdent au moins deux parties différenciables par leurs structures et leurs propriétés.

Ainsi, la molécule d'heptyloxycyanobiphényl, plus couramment appelée molécule 7 OCB (7 pour le nombre de carbones de la molécule d'heptane), est constituée d'une chaîne linéaire (partie 1) et d'une suite de cycles comparable à celle que l'on trouve dans la molécule d'aspirine (partie 2).

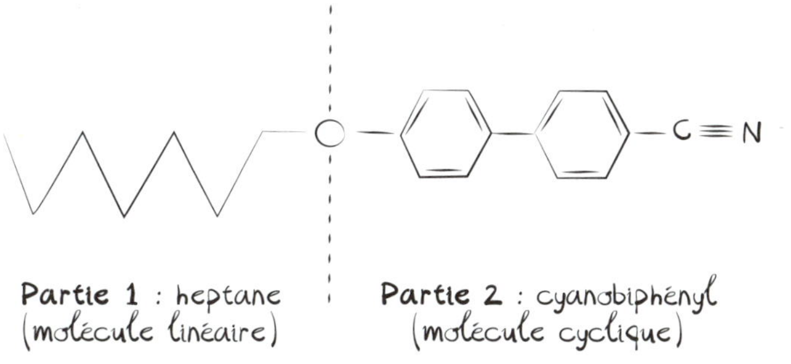

Cette molécule est en fait un assemblage de deux molécules très différentes reliées entre elles par un atome d'oxygène : l'heptane et le cyanobiphénil. L'heptane est liquide entre -91 °C et +98 °C (partie 1), tandis que le cyanobiphényl est solide en dessous de +88 °C (partie 2). Le passage de l'état solide à l'état liquide ne se fait alors pas de manière habituelle, et il se forme un état intermédiaire entre le liquide et le solide, la mésophase, entre 54 °C et 74 °C. En dessous de cet intervalle, on a affaire à un solide et au-dessus à un liquide !

Le passage de l'état solide à l'état liquide donne lieu à une phase intermédiaire, la mésophase, que l'on appelle plus souvent de manière imagée : phase des cristaux liquides

Concernant les deux parties de cette molécule, les scientifiques parlent alors de cœur rigide et de chaîne flexible.

Les grandes découvertes

La grande aventure française des cristaux liquides

Le physicien Pierre-Gilles de Gennes (1932-2007) a reçu le prix Nobel en 1991, entre autres, pour ses travaux sur les cristaux liquides. Au début des années 1970, il a su remettre au goût du jour ce thème fort de la recherche scientifique française des années 1920 tombé dans l'oubli. Convaincus par sa motivation et son engouement pour ce champ d'investigation, sept laboratoires de l'université d'Orsay où il travaillait se lancèrent à ses côtés dans l'aventure. Philanthropes, ces scientifiques passionnés commirent l'erreur de ne pas déposer les brevets de leurs découvertes. Moteur de la recherche fondamentale en ce domaine, la France ne possède aujourd'hui que très peu de brevets quant aux applications industrielles de ces travaux, si populaires aujourd'hui !

Comment fabrique-t-on des écrans à cristaux liquides ?

Un écran plat à cristaux liquides est constitué d'une mosaïque de points élémentaires, qui peuvent être allumés ou éteints formant ainsi une image[1]. Un écran est constitué d'un cristal liquide en phase nématique pris en sandwich entre deux plaques de verre polarisé. Le verre arrière et le verre avant présentent des directions de polarisation différentes, décalées de 90 degrés. Un verre polarisé ne laisse passer la lumière que si elle se présente dans la bonne direction (la lumière possède plusieurs composantes qui vibrent dans des directions différentes).

Ainsi, la lumière qui entre par l'arrière ne peut pas en ressortir à l'avant, sauf si entre temps elle subit un traitement pour modifier sa direction. C'est là qu'interviennent les molécules qui constituent de cristal liquide…

---

1. Voir chapitre « La chimie dans le salon », § Écran plasma, p. 33

Toutes ces molécules ont été disposées en hélice lors de la fabrication de l'écran. Cette disposition particulière permet de modifier progressivement la direction de la lumière au fur et à mesure qu'elle progresse au travers du pixel de sorte qu'elle puisse traverser le verre polarisé situé à l'avant. Le pixel est alors allumé.

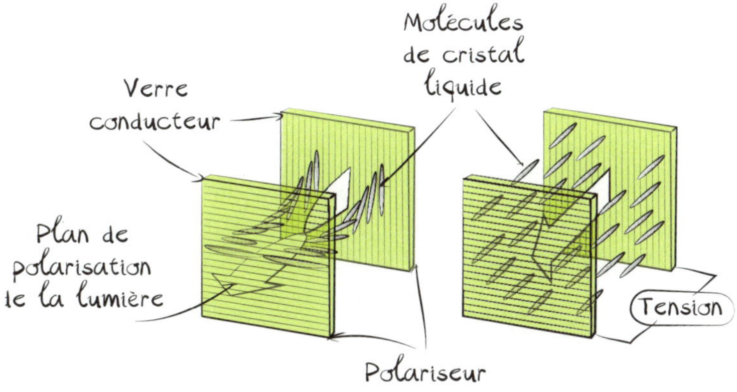

Détail d'un pixel
L'application d'une tension (à droite) fait basculer les molécules et l'écran s'éteint.

Il est cependant possible de modifier la disposition des molécules de cristaux liquides les unes par rapport aux autres à l'aide d'une tension électrique. En effet, si les molécules du cristal liquide sont globalement neutres, elles peuvent présenter des charges électriques locales[1] (négatives à une extrémité de la molécule, positives à l'autre). Soumises à un champ électrique, elles se déplacent pour s'orienter perpendiculairement aux lames de verre. La structure « tordue » en hélice disparaît et la lumière n'arrive plus sur la face avant du pixel selon la bonne direction. Ce dernier reste alors éteint.

Faites-le à la maison

Téléviseur à cristaux liquides... ou plasma[2] ?

Pour savoir si votre écran de télévision est fabriqué à base de cristaux liquides, un petit test s'impose... Un pixel étant fabriqué à partir de verres polarisés, seule une partie de la lumière peut passer et atteindre l'œil du spectateur. Trouvez des lunettes de soleil qui possèdent, elles aussi, des verres polarisés. Cette information est en générale notée sur le verre ou sur la monture. Placez-vous face à votre écran de télévision allumé, avec ces lunettes sur le nez, et penchez la tête de 90°. Si la luminosité change brusquement, c'est que vos lunettes bloquent une partie de la lumière qui a réussi à passer au travers des pixels. L'écran de télévision est alors fabriqué à partir de cristaux liquides !

---

1. Voir chapitre « Des molécules en cuisine », § Une bonne mayonnaise, p. 67
2. Voir chapitre « La chimie fait salon », § Les écrans plasma, p. 33

On dit du cristal liquide qu'il joue le rôle de « guide de lumière » contraignant cette dernière à adopter la direction voulue.

De manière simplifiée, chaque pixel peut être considéré comme une lucarne derrière laquelle se situe une source lumineuse. Le cristal liquide, sous l'effet d'un champ électrique, est en mesure d'ouvrir et de fermer le volet de la fenêtre, laissant ainsi passer, ou non, la lumière pour former une image.

Dans le cas particulier des écrans couleurs, chaque pixel est redivisé en trois sous-pixels chacun étant recouvert d'un filtre coloré rouge, vert ou bleu. Le mélange de ces trois couleurs primaires permet alors d'obtenir une image colorée[1].

1. Voir chapitre « La chimie dans le salon », § Les écrans plasma, p. 33

Faites-le à la maison

Des encres de toutes les couleurs

Dans nos vêtements ou dans nos trousses une multitude de colorants : là encore, que de chimie !
Jaune, rouge, vert, bleu, mais également violet, orange ou encore noir, il existe des feutres de toutes les couleurs. Pour obtenir une telle diversité de coloris, les industriels rivalisent d'imagination, n'hésitant pas à mélanger de nombreuses molécules. Les encres des feutres et des marqueurs sont donc des mélanges homogènes.
Il est possible de séparer les différentes couleurs qui constituent l'encre d'un feutre grâce à une technique que les chimistes appellent la chromatographie.

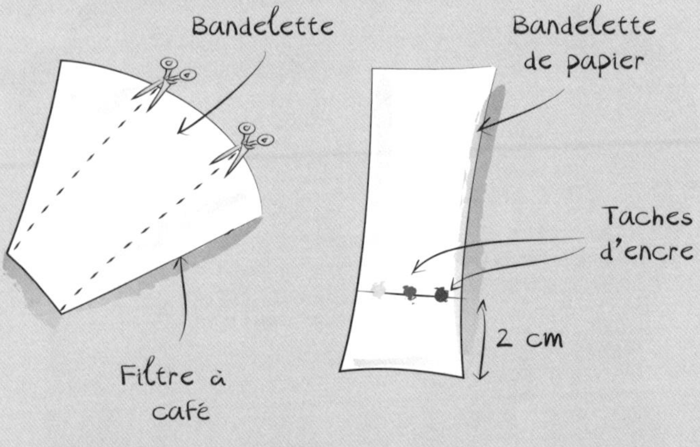

Découpez des bandelettes de papier dans des filtres à café puis tracez, au crayon à papier, un trait à 2 cm du bas de la bandelette. Sur ce trait, faites 2 à 3 points avec des feutres de couleurs différentes. Les taches d'encre, d'environ 0,5 cm de diamètre, ne doivent pas se toucher.

Lorsque la tache de feutre est bien sèche, placez la bande de papier dans un verre contenant environ 1 cm d'eau (cette dernière doit être maintenue verticalement dans le verre). À l'aide d'un morceau de scotch et d'un crayon, fixez le morceau de papier de telle sorte qu'il trempe légèrement dans l'eau. Attention : veillez à ce que la tache de feutre soit au-dessus de la surface de l'eau.

L'eau monte alors lentement le long de la bandelette de papier, par capillarité. On remarque rapidement que l'eau emporte au passage les molécules de la tache d'encre. L'encre est donc soluble dans l'eau. Au bout de quelques minutes, des trainées de couleurs se forment : les différents constituants de l'encre du feutre se retrouvent ainsi séparés.

Comme nous l'avons déjà vu, la molécule d'eau est polaire[1]. De fait, elle est susceptible de créer des liens avec d'autres molécules polaires soit, dans cette expérience, les molécules qui composent l'encre. Lorsque l'eau monte le long de la bande de papier elle entraîne plus ou moins les molécules de l'encre, selon leurs polarités, les abandonnant une a une sur son chemin. Les molécules les plus polaires se retrouvent alors en haut du papier tandis que les moins polaires restent en bas de la bandelette.

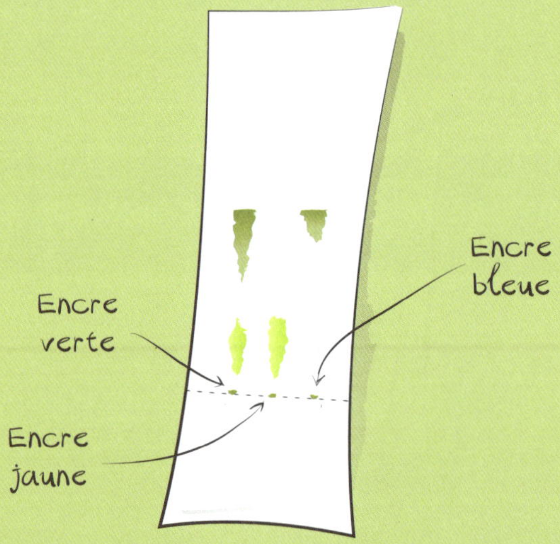

Réalisez cette expérience avec des feutres de couleurs différentes et comparez la composition chimique de l'encre ... Quelle couleur de feutre possède le plus grand nombre de constituants ?

1. Voir chapitre « Des molécules en cuisine », § Une bonne mayonnaise, p. 67.

6

Un jardin bien chimique

De la chimie dans le jardin ? Bien sûr, direz-vous : les engrais, la filtration de la piscine ou encore le mobilier de jardin dont on profite lors des beaux jours... tout cela n'est que chimie. Mais ce n'est pas tout ! La chimie se cache aussi là où on ne l'attend pas et de nombreux processus naturels sont également des processus chimiques.

Alors... naturel ou chimique ? Le débat est ouvert depuis bien longtemps vaste débat d'ailleurs mais débat totalement erroné car la vraie question serait plutôt : naturel ou artificiel ?... mais chimique dans tous les cas !

De la chimie pour la biologie...

En effet, la chimie ne se limite pas aux productions humaines. Pour s'en rendre compte il suffit de regarder autour de nous : les réalisations de « Dame Nature » en sont la preuve. Qui ne s'est jamais demandé pourquoi la majeure partie des végétaux est de couleur verte ou pourquoi une plante a beaucoup de peine à survivre en l'absence de lumière ?

Indispensable chlorophylle…

Contrairement à l'homme qui doit, entre autres, assimiler des matières organiques qu'il trouve dans les végétaux et les animaux pour survivre, les plantes ont la particularité de fabriquer elles-mêmes les composés dont elles ont besoin pour se développer (comme le glucose, c'est-à-dire des sucres). Elles utilisent pour cela des molécules d'eau et de dioxyde de carbone. Mais comment est-il possible de fabriquer du glucose à partir de ces deux substances ? Et dans ce cas, ne devrions-nous pas parler de transformation chimique, puisqu'il s'agit bien de synthétiser le glucose à partir d'autres corps ?

La réponse à cette énigme se cache derrière une molécule nommée chlorophylle. La chlorophylle se niche dans des compartiments appelés chloroplastes, et situés à l'intérieur des cellules des feuilles. Les molécules de chlorophylle sont photosensibles, c'est-à-dire qu'elles sont capables de capter une partie des radiations lumineuses émises par le Soleil (en particulier le rouge et le violet) sauf le vert qu'elles renvoient : c'est pourquoi les feuilles nous apparaissent vertes. L'énergie de cette lumière est ensuite utilisée pour synthétiser le glucose.

Le chloroplaste est en quelque sorte une machinerie biologique qui permet la conversion d'énergie lumineuse en énergie chimique (le glucose). Les scientifiques parlent alors de photosynthèse.

Les grandes découvertes

Découverte de la chlorophylle

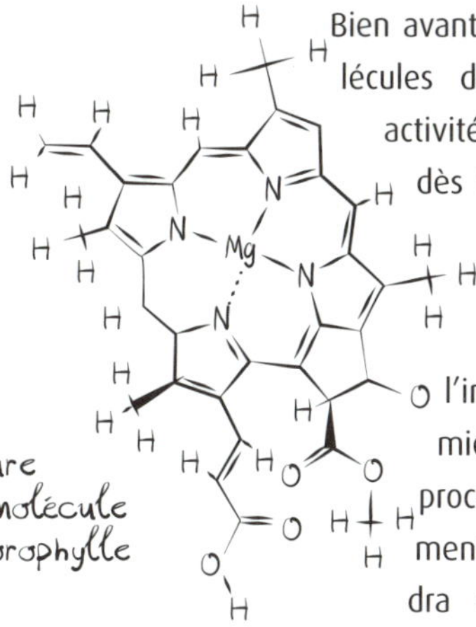

Structure de la molécule de chlorophylle

Bien avant d'attribuer aux molécules de chlorophylle une activité photosynthétique, dès les années 1700 un grand nombre de biologistes avaient déjà mis le doigt sur l'importance de la lumière et de l'air dans le processus de développement des plantes ! Il faudra cependant attendre 1817 pour que la molécule de chlorophylle soit isolée par les chimistes français Pierre Joseph Pelletier et Joseph Bienaimé Caventou.

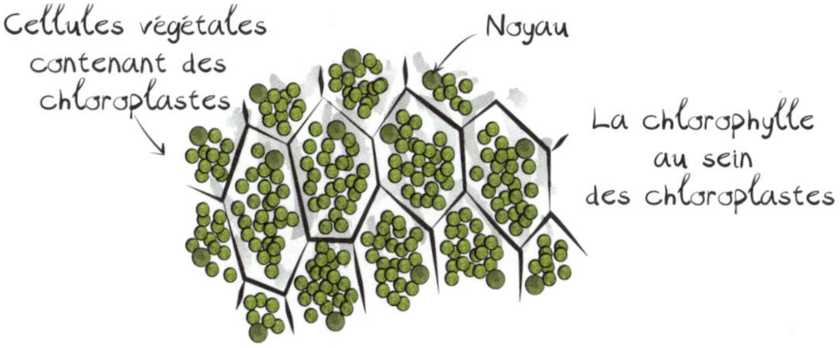

Faites-le à la maison

Observer la fluorescence

Broyez à l'aide d'un mixeur quelques feuilles fraîches d'épinards ou de salade (verte !) et recouvrez-les d'alcool à brûler. Mélangez bien le tout, puis filtrez à l'aide d'un filtre à café. Vous obtenez ainsi une solution de couleur verte qui contient la chlorophylle extraite des végétaux.

Placez ensuite un verre rempli de cette solution devant une forte source de lumière (lampe halogène, par exemple) et regardez la couleur de la solution non pas en transparence (elle est verte !) mais en réflexion (du même côté que l'éclairage). La solution présente alors des teintes rouges : une fois excitée par l'énergie lumineuse, la chlorophylle peut réémettre une partie des rayonnements captés. Le phénomène de fluorescence que vous observez démontre que les molécules de chlorophylle interagissent avec la lumière émise par le Soleil.

À quoi sert précisément l'énergie lumineuse ?

La photosynthèse est un processus complexe qui fait intervenir de nombreuses réactions. Elles sont souvent regroupées en deux grandes étapes. Tout d'abord, l'énergie lumineuse captée permet à la chlorophylle de décomposer les molécules d'eau (H_2O) en ions hydrogène (H^+) et en molécules de dioxygène (O_2).

Mémo Science

Comment écrire une transformation chimique ?

Les scientifiques, qui préfèrent les formulations concises, ont pris l'habitude, il y a très longtemps, d'écrire les transformations chimiques sous la forme de symboles. Ces symboles traduisent à la fois le sens de la transformation (quels sont les réactifs ? les produits ?) et le nombre d'atomes de chaque sorte mis en jeu. On parle alors d'équation-bilan. Dans le cas présent, l'équation-bilan de la décomposition de l'eau est :

$$\underbrace{2\ H_2O}_{\text{Réactif}} \rightarrow \underbrace{4\ H^+ + 4\ \text{électrons} + 1\ O_2}_{\text{Produits}}$$

Le sens de la flèche précise instinctivement que l'on part de l'eau pour obtenir des ions hydrogène, du dioxygène et des électrons

Les initiés remarqueront immédiatement que, sous l'action de l'énergie lumineuse, 2 molécules d'eau sont nécessaires pour former 4 ions hydrogène (H^+) et 1 molécule de dioxygène. On notera au passage que cette transformation chimique libère quatre électrons.

Dans une seconde étape, le dioxyde de carbone contenu dans l'air réagit avec les ions hydrogène et les électrons obtenus lors de la décomposition de l'eau. Cette seconde transformation chimique mène à la formation de sucres et libère au passage de l'énergie « biologique » plus connue sous le nom d'adénosine triphosphate, ou ATP (le carburant des cellules vivantes). Le sucre sera utilisé par la plante pour sa croissance tandis que l'ATP servira à faire fonctionner toute la machinerie biologique.

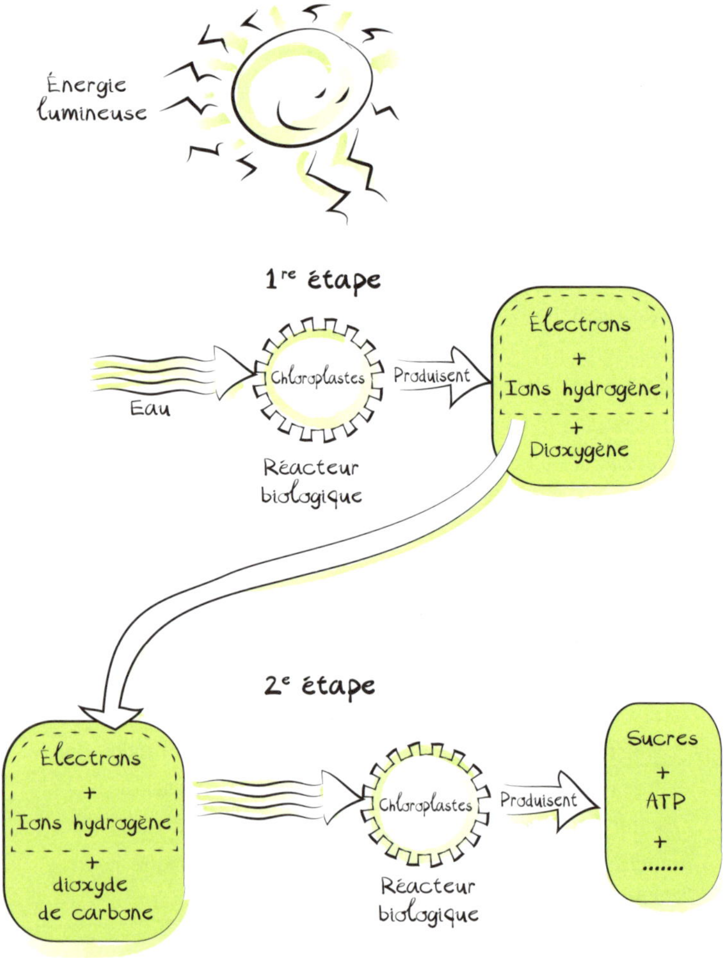

Des engrais pour les plantes...

Depuis de nombreuses années, l'agriculture s'est intensifiée afin de rentabiliser au mieux les parcelles de terrains travaillées par les agriculteurs. Là encore l'industrie chimique a apporté des solutions et aujourd'hui il n'est plus question de cultiver sans engrais et désherbants, dont l'utilisation parfois non raisonnée n'est pas sans conséquence sur l'environnement.

Comme nous l'avons vu, les plantes ont besoin de nutriments pour grandir. Ces éléments nutritifs sont naturellement présents dans l'eau du sol, sous forme d'ions, et y sont puisés par les racines. Ces substances, qui constituent la sève brute, sont alors transportées dans tous les recoins du végétal.

Mémo Science

L'engrais en France

Plusieurs millions de tonnes d'engrais sont utilisés chaque année en France pour l'agriculture. Afin de préserver les nappes phréatiques, nous cherchons à régulièrement diminuer la quantité d'engrais répandue dans les champs. À titre d'exemple, la quantité de fertilisant utilisée en France est passée de 6 millions de tonnes à 4,8 millions de tonnes durant les dix dernières années.

Trois principaux éléments sont nécessaires à la croissance d'une plante : l'azote (N), le potassium (K) et le phosphore (P). Ces éléments peuvent être artificiellement apportés par ajout d'engrais liquides ou solides.

L'engrais liquide contient essentiellement de l'eau à laquelle ont été additionnées des substances nutritives : ce sont des solutions aqueuses. Les engrais solides se présentent quant à eux sous la forme de granulés contenant ces mêmes nutriments qui se dissolvent dans l'eau lors de l'arrosage.

Étiquettes au pied de la lettre

La chimie permet donc de mettre au point des mélanges dosés qui contiennent les éléments essentiels à la croissance des végétaux. Sur chaque flacon ou sachet d'engrais figure la composition du mélange. On la note sous forme de trois lettres : N, K, et P, les trois principaux éléments chimiques constituant l'engrais, auxquelles on ajoute une série de trois nombres qui précisent les proportions des trois éléments. Par exemple, un engrais NKP 18-6-12 contient 18 % d'azote, 6 % de potassium et 12 % de phosphore, le reste, soit 64 %, étant principalement constitué de substrats neutres. En d'autres termes, on trouve 180 grammes d'azote, 60 grammes de potassium, 120 grammes de phosphore et 640 grammes de substrats par kilogramme d'engrais.

En réalité, l'élément azote qui existe naturellement dans l'air à l'état de gaz (diazote) ou sous forme combinée dans le sol, est apporté dans les engrais sous forme de dérivés d'ammoniac (azote ammoniacal) ou uréique (qui provient de l'urée). Il en est de même pour le phosphore et le potassium. Outre ces éléments essentiels, les biochimistes ajoutent dans la formulation des engrais d'autres composés comme des oligo-éléments, qui ont un rôle nutritif indispensable, mais en toute petite quantité (comme chez l'Homme). On peut citer, le bore, le cuivre, ou le zinc, réputés bénéfiques pour certaines familles de végétaux.

Oups !

Du fer dans les épinards ?

Durant de nombreuses années, citant en exemple le marin Popeye, beaucoup de parents ont forcé les plus petits d'entre nous à avaler des épinards. Ces branches vertes étant réputées pour être riches en fer. Totalement faux ! C'est en 1870 qu'un médecin aurait multiplié par 10 la teneur en fer des épinards en commettant une erreur de copie et en déplacement malencontreusement une virgule. Il aura fallu attendre les années 1930 pour que des chimistes allemands corrigent cette erreur en dosant à nouveau le fer dans les épinards. Certaines idées reçues ayant la vie dure, aujourd'hui encore, il n'est pas rare d'entendre dire que les épinards sont riches en fer.

D'un point de vue biologique, l'azote est indispensable au développement de toutes les parties aériennes d'un végétal. Le printemps est donc le moment propice à l'enrichissement des sols en azote, lorsque la végétation repart. Le phosphore, quant à lui, joue un rôle dans le développement des racines et améliore la résistance des plantes à certaines maladies des végétaux. Enfin, le potassium participe au développement des fruits et, avant cela, à la floraison. Pour ces raisons, on trouve donc dans le commerce des engrais de différentes compositions.

Le jardinier « écolo » qui hésite à utiliser des engrais du commerce peut solliciter la nature qui fournit déjà toutes les substances nutritives nécessaires. Il ne reste alors plus qu'à extraire l'azote, le potassium et le phosphore de certains végétaux ou de minéraux réputés en contenir en grande quantité. Ainsi, une macération d'ortie, nommée purin, donnera une solution très riche en azote. La cendre de bois permettra un apport en potassium, et la poudre d'os (moins évidente à faire soi-même !) sera source de phosphore. Après le chimique, place au biologique !

Faites-le à la maison

Booster la germination et la croissance des lentilles

Il est possible de favoriser la croissance de lentilles après leur germination en apportant une quantité juste d'engrais. Pour ce faire, préparez deux coupelles dans lesquelles vous aurez disposé du coton imbibé d'eau pour l'une, et d'eau et d'engrais pour l'autre (un engrais liquide pour plantes d'intérieur convient parfaitement). Après 4 à 6 jours de germination, les lentilles vont continuer à se développer, mais plus rapidement pour celles « engraissées » ! Il suffit de comparer le résultat : à vos lentilles !

Fabriquer son électricité !

Désormais indispensable sous toutes ses formes, que serions-nous sans énergie ? Nous y prêtons rarement attention mais chaque jour nous consommons de l'énergie : prendre la voiture ou le bus pour se déplacer, utiliser un taille-haie électrique pour entretenir le jardin ou faire germer quelques graines dans une serre chauffée, tout cela nécessite de l'énergie. Parfois même, la consommation d'énergie se cache là où nous ne l'attendons pas : les dépliants publicitaires qui remplissent nos boîtes aux lettres, par exemple, sont également énergivores : fabrication du papier, impression ou distribution, tout leur cycle de vie est consommateur d'énergie sous une forme ou sous une autre.

Parmi toutes les formes d'énergies que nous utilisons quotidiennement, l'énergie électrique occupe une place de choix : économique et disponible lorsqu'on en a besoin, elle donne l'impression d'être une énergie propre, c'est-à-dire sans impact pour l'environnement. Et pourtant...

Oups !

Chaque année, un Français consomme en moyenne l'équivalent de 4 tonnes de pétrole. À l'échelle planétaire, c'est l'équivalent de 9,7 milliards de tonnes de pétrole consommées au cours d'une année.

Une question d'énergie primaire

Pour obtenir de l'électricité, il faut avant tout une centrale électrique. Évident ? Certes mais c'est bien là que réside le fond du problème. L'énergie électrique est ce que l'on appelle une énergie secondaire : elle n'est pas fournie directement par la nature.

Pour obtenir de l'électricité, il faut partir d'une autre forme d'énergie : charbon, pétrole, uranium. Ces matières premières existent à l'état naturel dans l'environnement. Ces énergies primaires sont ensuite converties en énergie électrique au sein d'une centrale.

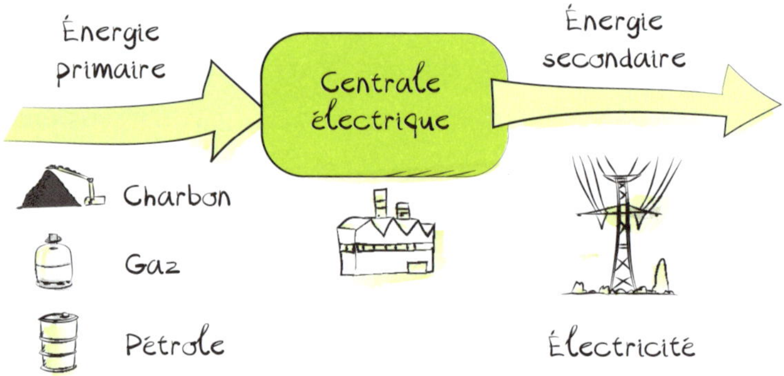

Contrairement aux idées reçues, une centrale électrique ne fabrique rien ; elle se contente de convertir une forme d'énergie en une autre !

Cette conversion s'avère très souvent néfaste pour l'environnement : le charbon, le pétrole ou le gaz brûlés produisant, entre autres, du dioxyde de carbone qui est un gaz à effet de serre. L'uranium laisse, quant à lui, de nombreux déchets, qui mettent des centaines d'années pour ne plus être radioactifs, sans compter les risques d'accidents.

Mémo Science

Les énergies fossiles

Le pétrole, le gaz naturel et le charbon appartiennent à la famille des combustibles fossiles : ce sont des sources d'énergies qui ont longtemps été peu coûteuses à exploiter, d'où leur succès. Les combustibles fossiles sont issus de la décomposition de végétaux et d'animaux enfouis dans le sol depuis des millions d'années. Cependant, leurs réserves ne sont pas inépuisables. Nous les consommons au cours de nombreuses activités : combustion de l'essence dans les automobiles, du gaz dans la chaudière... On parle alors d'énergies « non renouvelables » par opposition aux énergies d'origines solaire ou éolienne dont on ne consomme pas les matières premières : le Soleil et le vent.

Énergies renouvelables

Confrontés aux problématiques de réchauffement climatique et à l'épuisement des ressources en énergies fossiles, les scientifiques, sous la pression politique, cherchèrent à exploiter des sources d'énergies primaires moins polluantes et réutilisables à l'infini tel que le vent, l'eau et le soleil. Le concept d'énergie renouvelable venait de naître...

En France, la production d'énergie électrique est essentiellement nucléaire, mais il existe également de grands barrages, seule source d'énergie renouvelable véritablement exploitée depuis de nombreuses années, pour produire de l'électricité.

La tendance actuelle est au développement du solaire. Encouragée par les pouvoirs publics, l'installation de panneaux solaires chez les particuliers est de plus en plus fréquente.

Soleil, soleil...

Facile à exploiter dans un jardin, l'énergie issue du soleil peut être utilisée pour chauffer de l'eau et pour produire de l'électricité. Et il n'est pas rare de voir fleurir des installations solaires sur les toits des maisons, particulièrement dans certaines régions du sud.

En réalité, il n'existe pas un seul type d'équipements solaires mais deux : les capteurs thermiques et les cellules photovoltaïques. Les capteurs thermiques permettent de récupérer l'énergie lumineuse fournie par le soleil, pour la transformer en chaleur. Ils sont couplés à des réservoirs d'eau, eux-mêmes connectés au réseau d'eau de la maison. Le principe de fonctionnement des capteurs thermiques, basé sur l'effet de serre, est plutôt simple. Les rayons du soleil traversent la vitre du capteur et chauffent l'air qu'il contient, comme dans une serre. Outre l'air, le capteur thermique contient également un serpentin, sorte de petit tuyau recouvrant toute la surface du capteur, rempli d'un liquide caloporteur. Les scientifiques nomment ainsi les liquides dont la seule fonction est de transporter la chaleur.

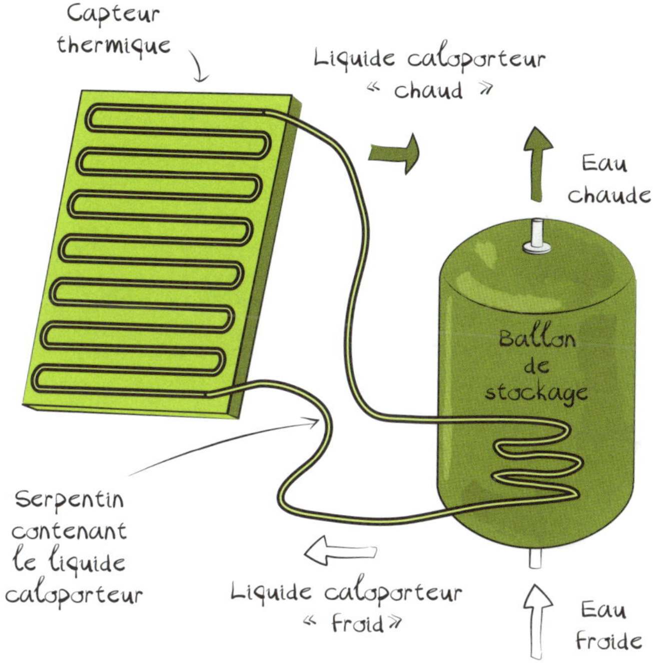

De même, le serpentin est conçu dans un matériau qui conduit particulièrement bien la chaleur pour faciliter les échanges entre le milieu extérieur et le liquide.

Mémo Science

La calorie

La calorie est une unité d'énergie définie par le chimiste Nicolas Clément en 1824. La définition proposée à l'époque indique que « la calorie est la quantité de chaleur nécessaire pour élever de 1 degré centigrade la température d'1 gramme d'eau ».
Bien que très utilisée par les chimistes, cette unité n'a jamais fait partie des unités du système international (SI) qui lui préfère le joule (J) comme unité d'énergie.

Le serpentin se prolongeant dans le réservoir d'eau, celle-ci chauffe à son tour, par échange thermique, et on peut ainsi obtenir une eau à 70 °C. Le liquide caloporteur circule en circuit fermé : après avoir traversé le réservoir et transmis l'énergie qu'il avait emmagasinée, il retourne vers le capteur solaire et ainsi de suite.

Oups !

Les capteurs thermiques absorbent le rayonnement du soleil, mais également la chaleur diffuse. Ils fonctionnent même par temps couvert et peuvent être installés sans difficulté dans les régions du Nord où le rayonnement direct du soleil est peu intense.
Un capteur thermique d'un mètre carré suffit en moyenne à couvrir les besoins journaliers en eau chaude d'une personne.

Faites-le à la maison

Quelle est la couleur d'un capteur thermique ?

Prenez deux bouteilles en matière plastique et peignez l'une d'elles en noir et l'autre en blanc. Lorsque la peinture est bien sèche, remplissez à moitié les deux bouteilles avec de l'eau, fermez-les et exposez-les au soleil pendant plusieurs heures. À l'aide d'un thermomètre, mesurez la température dans chaque bouteille. Quelle conclusion tirez-vous de cette expérience quant à la couleur dont il faut peindre les capteurs thermiques pour augmenter leur efficacité ?

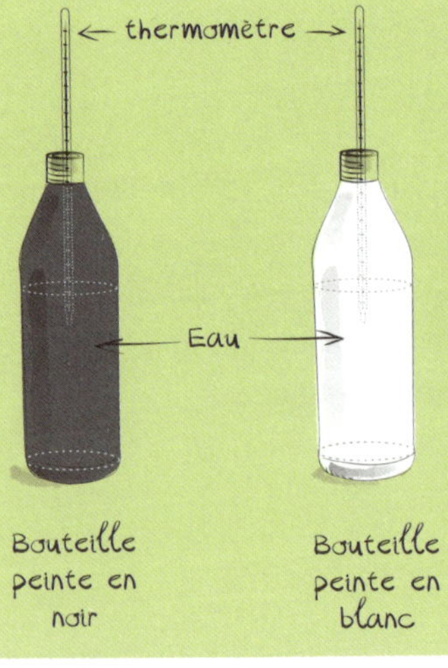

Les panneaux solaires photovoltaïques, quant à eux, permettent de convertir l'énergie lumineuse des rayons du soleil en électricité. Un panneau solaire est un assemblage de plusieurs cellules photovoltaïques. Une cellule photovoltaïque est formée de deux couches distinctes généralement constituées de silicium.

Oups !

Le silicium est le deuxième élément le plus répandu sur la Terre après l'oxygène ; environ 40 % des minerais courants en contiennent.

La première couche est constituée d'atomes de silicium (Si). L'atome de silicium possède quatre électrons sur sa dernière couche électronique. Certains atomes de silicium ont été remplacés par des atomes de phosphore qui, eux, possèdent cinq électrons sur leur dernière couche électronique. On parle alors de couche de silicium dopée au phosphore.

L'atome de phosphore ayant un électron de plus sur sa dernière couche électronique, la couche de silicium dopée au phosphore possède plus d'électrons (négatifs) que la même couche de silicium avant le dopage. Les scientifiques parlent également de dopage « n », signifiant négatif.

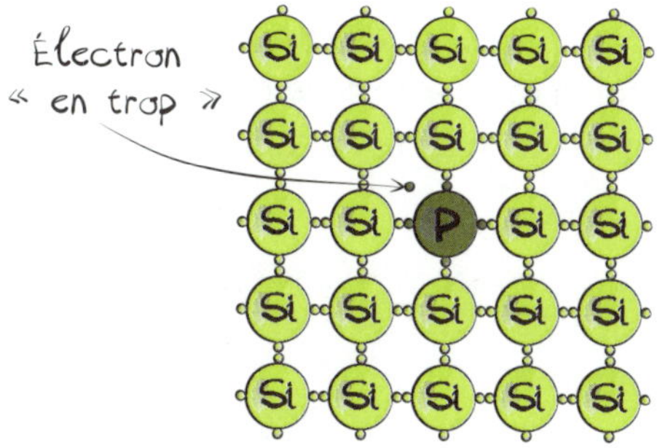

La seconde couche est également constituée d'atomes de silicium, mais elle est cette fois-ci dopée au bore (B). Le bore est un élément chimique qui possède trois électrons sur sa dernière couche. De fait, la couche dopée au bore présente un déficit d'électrons par rapport à la même couche de silicium avant le dopage. Il s'agit d'un dopage positif, « p ».

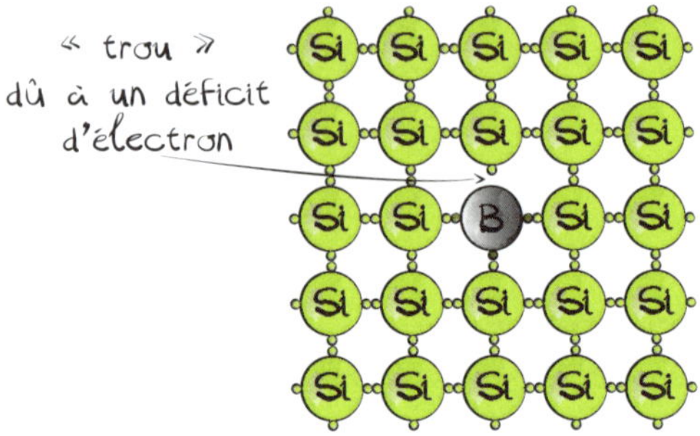

Ces deux couches sont séparées par une zone contenant à la fois du bore, du silicium et du phosphore que l'on appelle zone neutre. Elle permet de séparer les deux couches dopées tout en autorisant le passage des électrons d'une couche à l'autre.

On se retrouve donc dans une configuration qui fait penser à une pile électrochimique classique avec d'un côté un excès d'électrons (la borne négative) et de l'autre un déficit en électrons (la borne positive). Mais à la différence d'une pile classique, il ne suffit pas de placer un fil conducteur entre les deux bornes pour faire circuler les électrons. Dans ce cas, c'est un photon, particule très énergétique contenue dans la lumière du Soleil qui va « décrocher » le cinquième électron de l'atome de phosphore. Aussitôt libéré, cet électron passe par le fil conducteur pour rejoindre la couche positive où il y a un déficit d'électron, faisant au passage fonctionner un appareil électrique.

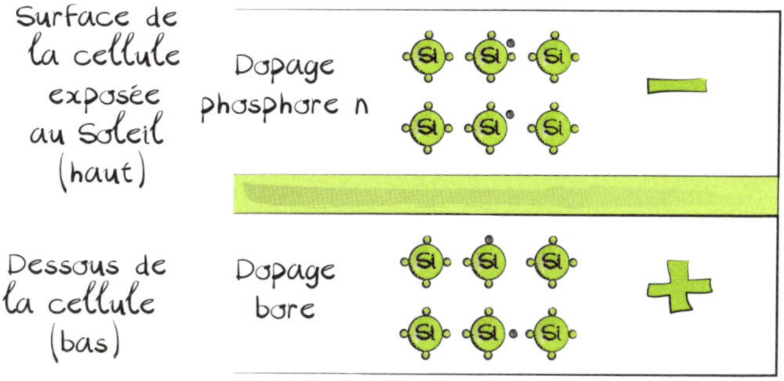

Quant à la place laissée libre, elle est instantanément comblée par un autre électron également décroché par les photons. Le phénomène est entretenu tant qu'il y a de la lumière.

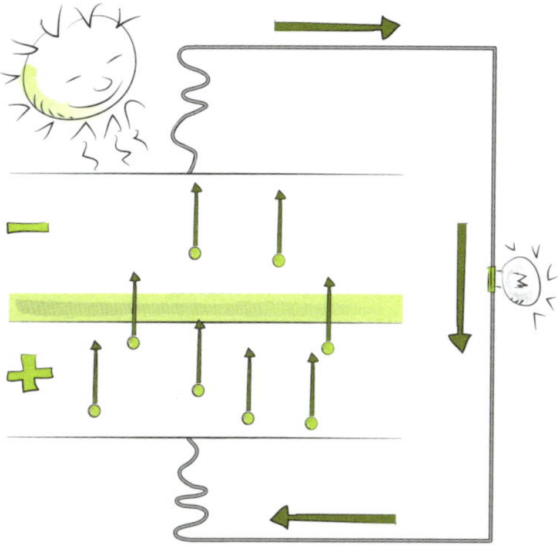

On remarque alors que les électrons circulent toujours dans le même sens : tout comme pour une pile, la cellule photovoltaïque génère un courant continu.

En France, on considère que le rendement d'une cellule photovoltaïque est de l'ordre de 10 %, c'est-à-dire que 10 % de l'énergie solaire captée est convertie en énergie électrique. Actuellement, de nombreuses recherchent tendent à améliorer cette efficacité.

Mémo Science

Cellule photovoltaïque et environnement

Si les cellules photovoltaïques, ou photopiles, utilisent l'énergie du Soleil pour produire de l'électricité, elles ne sont pas écologiques à 100 % : leur fabrication et leur exploitation sont source de pollution. Elles contiennent en effet du silicium, métal dont l'obtention et la purification sont très voraces en énergie. De plus, les cellules photovoltaïques sont systématiquement couplées à des batteries. Les photopiles ne produisant de l'électricité qu'en présence de soleil, il est nécessaire de la stocker pour l'utiliser notamment la nuit pour l'éclairage. Ces batteries ont une durée de vie limitée, environ 6 ans, et contiennent des matériaux très toxiques comme le plomb ou le lithium. Leur recyclage est donc indispensable, faute de quoi le recours à l'énergie solaire deviendrait encore plus polluant que l'électricité obtenue dans des centrales électriques traditionnelles !

L'eau : l'or bleu

L'eau que vous consommez tous les jours a parcouru un long chemin avant d'arriver au robinet ou de se retrouver conditionnée en bouteille. Mais où est-elle stockée sur Terre et comment pouvons-nous la récupérer, la traiter et surtout la préserver ?

Sur Terre, on trouve massivement de l'eau en plusieurs lieux nommés « réservoirs ». Le premier réservoir est constitué par les mers et les océans qui recouvrent plus de 70 % du globe terrestre. On retrouve également cet « or bleu » au niveau des eaux superficielles (lacs, rivières) et souterraines (les nappes phréatiques et les lacs souterrains). Vient ensuite un réservoir moins évident à se représenter : l'atmosphère, qui contient de l'eau à l'état gazeux.

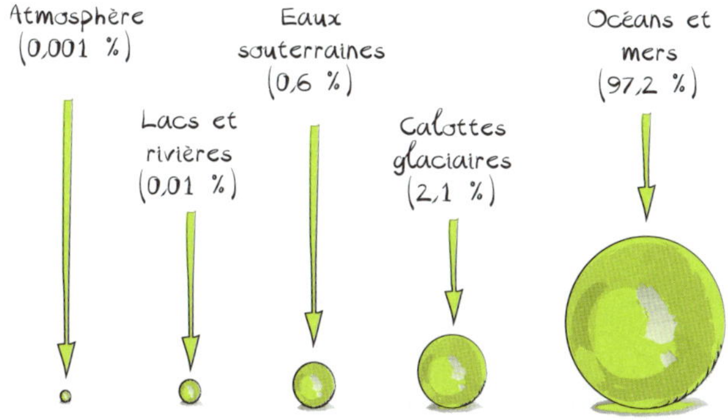

Les grands réservoirs d'eau sur Terre

Sous certaines conditions, notamment de température et de pression, la vapeur d'eau (gaz) contenue dans l'air se condense pour former des nuages qui peuvent ensuite donner lieu à des précipitations (pluie, neige, grêle). Ce que nous voyons d'un nuage, c'est sa partie liquide ou éventuellement solide, car contrairement à une idée reçue, la vapeur d'eau est invisible. La plupart des nuages sont constitués de microgouttelettes d'eau en suspension dans l'air. Cette eau peut même rester liquide jusqu'à une température de -40 °C, ce qui est étonnant puisque la température est alors très en dessous de la température de fusion de l'eau (0 °C). On parle alors de surfusion. L'eau de ces microgouttelettes pourra donner de la neige en venant cristalliser et former des flocons lors de la précipitation. À une température inférieure à -40 °C, les nuages sont formés de microcristaux de glace en suspension.

Dans les zones froides ou polaires, on trouve de l'eau sous forme solide dans les glaciers, les banquises ou les icebergs.

Oups !

Douce ou salée ?

Aux pôles, la banquise se forme en hiver lorsque la température de l'eau de mer (salée) diminue jusqu'à -1,8 °C. Elle se solidifie alors et forme une couche de glace 6 à 7 fois moins salée que l'eau de mer au départ et pouvant atteindre deux mètres d'épaisseur. Les icebergs, quant à eux, sont de gros blocs de glace issus de la rupture de glaciers situés sur la terre ferme. Formés à partir de neige compactée, ce sont donc de gros glaçons d'eau douce !

Un dernier réservoir d'eau, moins facilement identifiable, regroupe les animaux et les végétaux, constitués à plus de 65 % d'eau !

L'eau est donc omniprésente sur Terre sous ses trois formes : solide, liquide et gazeuse. Si la quantité d'eau stockée dans chaque réservoir varie peu, les molécules d'eau, elles, passent inlassablement d'un réservoir à l'autre sous l'effet des conditions environnementales.

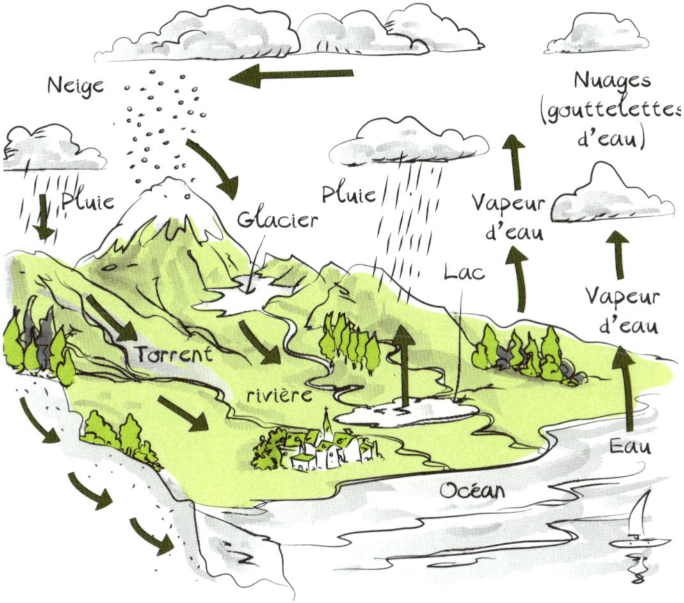

Le cycle de l'eau

Chauffée par l'énergie solaire, l'eau qui constitue les mers et les océans s'évapore et s'élève dans l'atmosphère sous forme de vapeur d'eau. À haute altitude, la vapeur d'eau se liquéfie pour donner naissance à de minuscules gouttes d'eau liquide. Par accumulation, ces innombrables gouttes forment des nuages. Dans le nuage, les petites gouttelettes s'évaporent au profit des grosses qui finissent par tomber sous l'effet de la gravité. Cette eau de pluie va ruisseler sur la roche et rejoindre les lacs, les rivières puis les océans, ou bien va s'infiltrer dans le sol pour alimenter les nappes phréatiques, et ainsi de suite. On parle alors de cycle de l'eau car une molécule d'eau initialement perdue au milieu de l'océan finira par y retourner au terme d'un cycle. Ainsi les hommes préhistoriques ont consommé les mêmes molécules d'eau que nous, ces molécules que nous léguerons, à notre tour, aux générations futures !

Faites-le à la maison

Principe d'une nappe phréatique

Coupez en deux une bouteille plastique et faites des petits trous dans le fond. Remplissez de terre le goulot, fermez-le avec le bouchon (tassez un peu la terre) et insérez le fond de la bouteille dans le goulot placé à l'envers (une couche d'air doit être apparente). Mettez de la terre dans la partie supérieure et versez doucement de l'eau. Elle va percoler dans la partie supérieure et s'accumuler dans l'espace intermédiaire. Vous venez de réaliser le principe d'une nappe phréatique !

Et si on récupérait de l'eau de pluie ?

Afin de réaliser de sérieuses économies et faire par la même occasion un geste écologique, il est possible de récupérer l'eau de pluie pour arroser le jardin. C'est d'ailleurs ce que font de nombreux jardiniers pour arroser à moindre coût leurs cultures. Ils se servent alors du toit de leur habitation comme surface de récupération et placent en sortie de leur gouttière un bac de collecte.

Toutefois, l'eau ainsi récupérée doit absolument être réservée à un usage non domestique car si on mesure son pH, on s'aperçoit qu'il est étonnamment acide. Une fois de plus, l'Homme est responsable de ce phénomène lourd de conséquences pour l'environnement.

En effet, les industries et d'autres activités humaines rejettent dans l'atmosphère des sous-produits de fabrication ou des déchets à l'état gazeux. Ces composés sont emportés au gré des vents dans la haute atmosphère qui contient de l'eau ! Parmi ces substances polluantes, on trouve le dioxyde de soufre (SO_2) et les oxydes d'azote produits par les échappements de voitures. Ces derniers sont regroupés dans la famille des NOx (comme cela se prononce) car on peut trouver plusieurs types d'oxydes d'azote (NO, NO_2...).

Le dioxyde de soufre et les NOx réagissent dans un premier temps avec le dioxygène de l'air pour former des espèces chimiques instables, donc susceptibles de réagir facilement, notamment pour former de l'acide sulfurique (H_2SO_4) et de l'acide nitrique (HNO_3) en présence d'eau.

Mémo Science

La chimie des pluies acides : le cas du dioxyde de soufre

Dans un premier temps, le dioxygène de l'air réagit avec le dioxyde de soufre pour former un composé instable, le trioxyde de soufre :

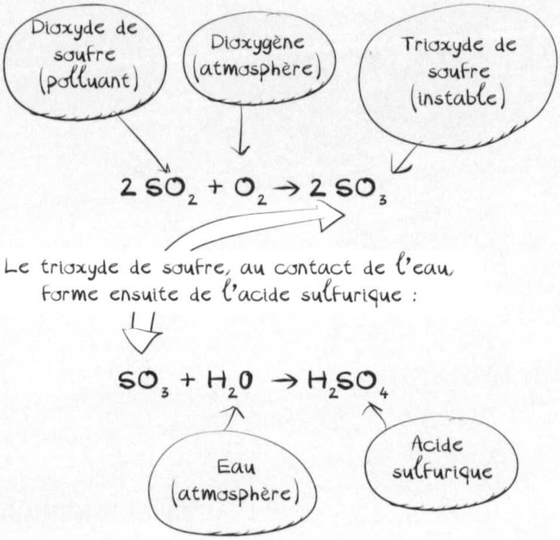

Une fois acidifiée, l'eau va toujours redescendre sur terre sous forme de précipitations, mais acides !

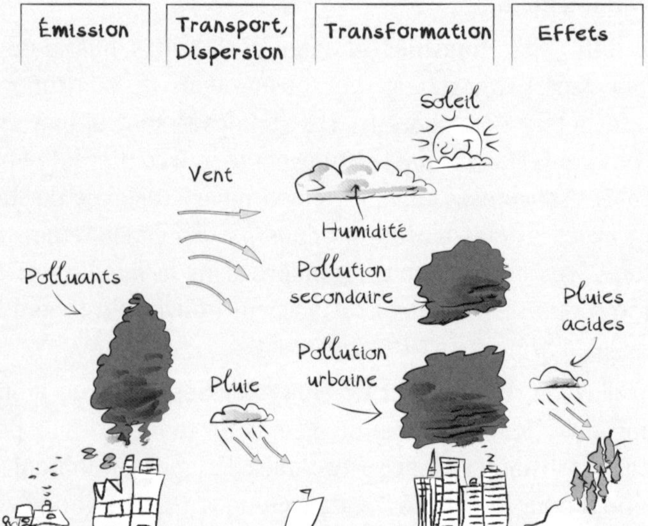

Dans certaines zones très industrielles, des forêts entières ont, par le passé, été ravagées par des pluies acides. Non seulement ces dernières agissent directement sur le feuillage des plantes, mais elles pénètrent également dans le sol et le rendent acide. De fait, certains végétaux ne sont plus capables de s'y développer. Il faut alors traiter le terrain pour le rendre à nouveau neutre, et cette fois-ci encore, c'est la chimie qui s'y colle ! Nous sommes ici dans le domaine des réactions acido-basiques. Lorsque le sol est trop acide, on peut par exemple ajouter des cendres, qui contiennent de la potasse, de la chaux ou encore de la scorie potassique (roche volcanique riche en potasse), bref des composés basiques pour réguler le pH du milieu. Mais là encore tout est une question de dosage.

Oups!

Les pluies acides

En Europe, le pH des pluies acides est voisin de 4,5 alors que l'eau pure (neutre) a un pH égal à 7. Cet écart signifie que l'eau des pluies acides est cent fois plus concentrée en acide ! Étonnamment, les pays qui produisent des polluants atmosphériques ne sont pas les plus touchés par les pluies acides. Les particules responsables de l'acidité des pluies, soumises aux mouvements des masses d'air se déplacent dans l'atmosphère et ne connaissent pas les frontières. Une industrie peut ainsi produire du dioxyde de soufre alors que son voisin frontalier en subira les conséquences écologiques : injuste ?

Faites-le à la maison

La fabrication du compost

Le compost est une solution alternative aux engrais du commerce. Fabriquer son propre compost permet de faire un geste pour l'environnement en limitant l'apport de substances artificielles pour enrichir le sol. Cela permet aussi de réduire considérablement le volume des poubelles dont l'incinération en déchèterie est source de gaz à effet de serre.

Fabriquer un container à compost

Munissez-vous de quatre piquets solides, métalliques ou en bois, et d'un morceau de grillage : le grillage constituera le corps du composteur et les piquets, plantés dans le sol, permettront de le maintenir en place. Choisissez un emplacement adéquat, c'est-à-dire à l'abri du vent et peu exposé au soleil, puis plantez dans le sol les piquets en formant un carré tout en vous assurant que vous aurez assez de grillage pour en faire le tour. Vous venez de réaliser en quelques instants un composteur simple et robuste. Il est également possible d'utiliser un bac à compost offert par certaines communes, ou disponible en jardinerie.

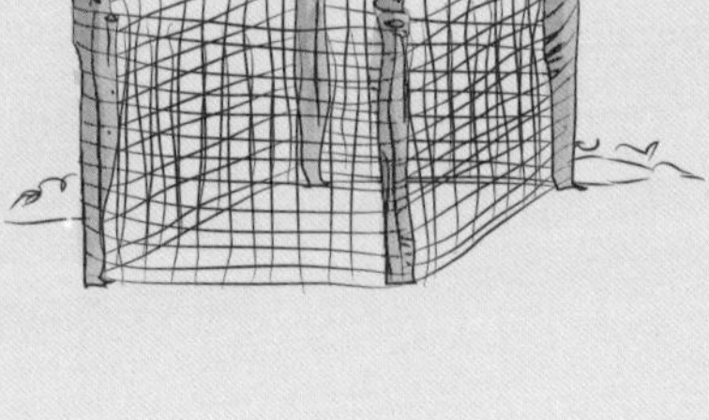

La recette du compostage

Remplissez votre composteur de matière organique : feuilles mortes, herbes coupées, épluchures, marc de café, coquilles d'œufs, etc. Il vous faut désormais patienter entre 8 et 12 mois pour obtenir un compost de qualité qui apportera à vos plantations tous les éléments nutritifs dont elles ont besoin pour se développer.

N'hésitez pas à arroser et à aérer régulièrement le compost en formation en le remuant à l'aide d'une fourche ou d'un râteau : cette opération accélère la décomposition des végétaux. Surveillez la température : lorsque celle-ci se stabilise, cessez l'arrosage mais continuez cependant à retourner le compost régulièrement. Il est également possible d'y ajouter de petites quantités de cendre pour le rendre plus nutritif.

La chimie du compost : une affaire de micro-organismes !

Tous les végétaux se décomposent naturellement dans l'environnement. Cette décomposition est due à l'action de champignons microscopiques et de bactéries. Ces micro-organismes scindent les molécules qui composent les végétaux en molécules plus petites. Ils en rejettent certaines, riches en carbone, azote et phosphore, les principaux éléments nutritifs que l'on trouve dans les engrais.

Le but d'un composteur est donc de placer ces micro-organismes dans les conditions optimales pour la dégradation des déchets !

Il existe deux modes de dégradation des végétaux : en présence de dioxygène (air), on parle de dégradation aérobie ou, au contraire, sans dioxygène, de dégradation anaérobie. Bien évidemment, selon le cas, les micro-organismes qui interviennent ne sont pas les mêmes et les produits de la dégradation sont différents. Dans le cas du compost, le jardinier fait appel à la décomposition aérobie des matières organiques : pour faciliter l'apport d'air au centre du composteur la recette du « bon » compost précise d'ailleurs qu'il faut l'aérer régulièrement en le remuant.

La dégradation aérobie se divise en deux phases principales. Tout d'abord une phase de fermentation au cours de laquelle les bactéries dégradent les composés facilement biodégradables, c'est-à-dire les matières fraîches. Cette étape se caractérise par une augmentation de la température pouvant atteindre 70 °C qui permet l'hygiénisation du compost (destruction des bactéries, parasites...). L'activité bactérienne, très intense, et l'élévation de température qui en découle entraînent une consommation importante d'oxygène et d'eau. Il faut donc arroser et aérer le compost pour satisfaire les besoins des micro-organismes. Vient ensuite la phase dite de maturation dominante : l'activité est moins intense et les micro-organismes s'attaquent désormais aux matériaux plus difficiles à dégrader. Durant cette étape, la température se stabilise et peut éventuellement baisser. Elle nécessite moins d'arrosage et d'aération, et se traduit par la synthèse d'un produit stable : le compost.

Pour aller plus loin...

L'Affaire des cristaux jaunes et autres énigmes, Thomas Waddell et Thomas Rybolt, Dunod, 2006.

L'Encyclopédie visuelle des sciences, Collectif, Gallimard, 2004.

Je découvre la science, Comprendre un univers passionnant, Collectif, Parragon, 2009.

Le Parfum de la fraise, Peter W. Atkins, Dunod, 2005.

La Police scientifique mène l'enquête, 50 crimes élucidés par la science, Steven A. Koelher, Dunod, 2010.

La Physique en 18 mots clés, Collectif, Dunod / La Recherche, 2009.

Oh la chimie !, Paul Depovere, Dunod, 2008.

La Science par le petit bout de la lorgnette, Vincent Bugeat, Dunod, 2009.

Les Secrets de la casserole, Hervé This, Belin, 1993.

Un chimiste en cuisine, Raphaël Haumont, Dunod, Paris, 2013.

Drôle de chimie, Pierre Laszlo, collection « Manifestes », Le Pommier, Paris, 2011.

La chimie est un jeu. Petit laboratoire de chimie en 100 jeux et questions, Alexandra Berder et Catherine Rabbe, collection « Memo est un jeu », Librio, Paris, 2011.

Le roman des éléments, I Nechaev et G. W. Jenkins, collection « Regards », Belin-Pour la science, Paris, 2005.

La chimie des desserts. Tout comprendre pour mieux réussir, Christina Blais et Ricardo Larrivée, La Presse, Montréal, 2007.

Le Surprenant cycle de l'eau, Vazken Andréassian et Julien Lerat, Le Pommier, 2007.

Lumière et luminescence, Ces phénomènes lumineux qui nous entourent, Bernard Valeur, Belin, 2005.

Revue du Palais de la découverte :

« Cosmétiques d'hygiène à travers les époques », n° 354, janvier-février 2008.

« L'aspirine, cette sacrée coquette », n° 243, décembre 1996.

« Le médicament : un comprimé de chimie ? », numéro spécial 46, décembre 1995.

www.universcience.tv

La web tv scientifique hebdo de la Cité des sciences et de l'industrie et du Palais de la découverte, rubrique : « Mathématiques - Physique - Chimie ».

Index

« **Vous avez dit Chimie ?** » est une exposition interactive et itinérante pour découvrir en famille la chimie sous toutes ses formes.

Elle a été présentée au Palais de la découverte, un lieu Universcience, du 7 juin au 30 octobre 2011, puis au Jardin des sciences à Strasbourg de novembre 2011 à février 2012 et à l'Espace des sciences à Rennes de mars à septembre 2012 ainsi qu'au Centre de culture scientifique, technique et industriel (CCSTI) à Alès d'octobre à décembre 2012.

Cette exposition a été conçue en partenariat avec l'Espace des sciences (Rennes), le Commissariat à l'énergie atomique et aux énergies alternatives (CEA) et l'Union des industries chimiques (UIC).

L'exposition « Vous avez dit chimie ? » a reçu le label 2011 Année internationale de la Chimie.

Conception et production : Universcience

Muséographie : Âme en science

Design et conception technique : Proxima du Centaure

Graphisme : Fabien Hahussseau

Dans la même collection

71420 - (I) - (2,5) - OSB 90° - P381U - ARC - JME
Imprimerie CHIRAT - 42540 Saint-Just-la-Pendue
Dépôt légal : septembre 2014
N° 201408.0029

Imprimé en France